こんな使い方を知りたかった！

CANVA

Canva お悩み解決 Book

mikimiki web school 著

ソシム

INTRODUCTION

はじめに

Canvaは、プロのデザイナーでなくても
簡単にオシャレなデザインを作成できる、魔法のようなツールです。

私自身、Canvaと出会ってからデザインの世界が大きく広がりました。

以前はさまざまなデザインツールやアプリを使い分けていましたが、
Canvaを使い始めてからは、SNSの投稿デザイン作成、
プレゼン資料、チラシデザイン、動画編集など、
全てCanvaひとつで完結できるようになりました。

しかし、使えば使うほど
「もっとこうしたい」「これってどうすれば出来るのかな?」
という新たな悩みも多く生まれてきました。

本書は、そんなCanvaユーザーの皆さんの
悩みを解決するために作られた「ガイドブック」です。

効率的な素材検索方法、写真加工のコツ、センスの良いフォントや
配色の選び方など、実践的なテクニックを詰め込みました。
さらに、知っておくと便利な機能もたっぷりとご紹介しています。

Canva公式アンバサダー（Canva Expert）として、
多くのユーザーの声を聞いてきた経験を生かし、
よくある質問や知っておくべきテクニックを惜しみなく紹介しています。

本書を通じて、
皆さんのCanvaライフがより楽しくなることを願っています。

Canva公式アンバサダー
mikimiki web school（扇田 美紀）

CONTENTS

はじめに ……………………………………………… 002
免責事項 ……………………………………………… 014

01 素材選び編 …………………………………… 015

001 すばやく好みの素材を見つけたい！ …………………… 016
002 おしゃれな素材や可愛い素材を使いたい！ …………… 018
003 シンプルなイラストの素材を使いたい！ ……………… 020
004 たくさんの写真素材の中から
　　イメージに合う写真を見つけたい！ …………………… 022
005 日本人の写真を使いたい！ ……………………………… 024
006 文字を見やすくしたい！ ………………………………… 026
007 気に入った素材を繰り返し使いたい！ ………………… 028
008 テンプレート内の素材にスターを付けたい！ ………… 030
009 素材に統一感を持たせたい！ …………………………… 032
010「いらすとや」の素材を使いたい！ …………………… 034
011 Canvaの素材を商用利用したい！ ……………………… 036

02 写真加工編 ……… 037

- 001 手っ取り早くおしゃれに仕上げたい！……… 038
- 002 写真を円形に切り抜きたい！……… 040
- 003 写真をきれいに並べたい！……… 042
- 004 グリッドの使い方をもっと知りたい！……… 044
- 005 横長の写真を正方形にしたい！……… 046
- 006 写真の色や明るさを調整したい！……… 049
- 007 人物の色だけを調整したい！……… 051
- 008 写真の特定の色だけ調整したい！……… 052
- 009 写真の一部をぼかしたい！……… 054
- 010 肌をきれいに見せたい！……… 056
- 011 写真の角を丸くしたい！……… 058
- 012 写真を縁取りしたい！……… 060
- 013 写真に影を付けたい！……… 062
- 014 写真をスマホの画面に貼り付けたい！……… 064
- 015 ネットショップ用に写真をまとめて加工したい！……… 068
- 016 写真の透過部分を修正したい！……… 070
- 017 写真の不要な部分を除去したい！……… 072
- 018 写真の背景を広げたい！……… 074
- 019 写真の被写体を移動させたい！……… 076
- 020 イメージ通りの写真がない！……… 078

03 デザイン編 083

- 001 図形の形を変更したい！ 084
- 002 複数の素材を中央に揃えたい！ 086
- 003 複数の素材を等間隔に並べたい！ 088
- 004 定規やガイドを表示したい！ 090
- 005 見えなくなってしまった素材を表示したい！ 092
- 006 デザインのアイデアが浮かばない！ 094
- 007 同じクリエイターの素材を今後もチェックしたい！ 096
- 008 投稿にアニメーションを付けたい！ 098
- 009 背景を動かしたくない！ 100
- 010 写真を同じサイズで配置したい！ 102
- 011 写真に重ねた文字を見やすくしたい！ 104
- 012 フレーム内の写真が差し替わってしまうのを防ぎたい！ 106

04 フォント編 ……………………………………………… 107

- **001** おすすめフォントを教えて！…………………………… 108
- **002** 思い通りのフォントを見つけたい！ …………………… 114
- **003** 無料フォントだけを表示したい！ ……………………… 116
- **004** 文字を見やすく配置したい！…………………………… 118
- **005** 文字を横書きから縦書きに変更したい！……………… 120
- **006** 文字を傾けたい！………………………………………… 122
- **007** フォントやサイズを揃えたい！………………………… 124
- **008** 飾り文字にしたい！……………………………………… 126
- **009** 太さが異なるフォントの使い方が知りたい！………… 129
- **010** 文字をアーチ型に配置したい！………………………… 130
- **011** 字間や行間を調整したい！……………………………… 132

05 配色編 ……………………………………… 135
- 001 写真で使われている色をデザインにも使いたい！ ……… 136
- 002 写真とテンプレートに統一感を持たせたい！ ……… 138
- 003 違和感のない色の組み合わせが知りたい！ ……… 140
- 004 色のテイストを統一したい！ ……… 144
- 005 ほかの配色も見てみたい！ ……… 146
- 006 立体感を出したい！ ……… 150
- 007 文字にグラデーションを付けたい！ ……… 152

06 ビジネス編 ……………………………………… 155
- 001 レイアウトが決まらない！ ……… 156
- 002 センスのいい色やフォントに変更したい！ ……… 158
- 003 文章が思いつかない！ ……… 160
- 004 文字をまとめて変更したい！ ……… 162
- 005 ページのサムネイルを表示して全体を見たい！ ……… 164
- 006 ページの順番を入れ替えたい！ ……… 166
- 007 すべてのページ色をまとめて変更したい！ ……… 168
- 008 統一感のある写真を使いたい！ ……… 170
- 009 以前作成したプレゼン資料を流用したい！ ……… 172
- 010 グラフを配置したい！ ……… 174
- 011 プレゼンしたい！ ……… 176

012 要素を順番に表示したい！ …………………………… 178
013 発表内容をメモしておきたい！ …………………………… 179
014 プレゼンでスムーズに前後のページを表示したい！ …… 180
015 プレゼンで複数のページをスキップしたい！ …………… 182
016 プレゼンをリアクションで盛り上げたい！ ……………… 183
017 プレゼンをしながらコメントを受け付けたい！ ………… 184
018 プレゼンを録画したい！ …………………………………… 186
019 プレゼンに字幕を付けたい！ ……………………………… 188
020 プレゼン資料を英語に翻訳したい！ ……………………… 190
021 パワーポイントのファイルをCanvaで編集したい！ …… 192
022 Canvaで作った資料をパワーポイントで編集したい！ … 194
023 配布資料が閲覧されている数を知りたい！ ……………… 195
024 閲覧者の流入経路を知りたい！ …………………………… 196
025 データを復元したい！ ……………………………………… 197
026 オンラインミーティングで画面を広く使いたい！ ……… 198
027 コメントを追加したい！ …………………………………… 200
028 資料がどこにあるかわからなくなってしまった！ ……… 202
029 プレゼン資料やYouTubeの動画を挿入したい！ ………… 204
030 プレゼン資料を共有したい！ ……………………………… 206

07 印刷編 … 209

- 001 印刷したい！ … 210
- 002 印刷データにミスがないかチェックしたい！ … 213
- 003 塗り足しを追加したい！ … 214
- 004 印刷してみたら色が少し違う！ … 218
- 005 オリジナルのTシャツを作りたい！ … 220
- 006 ウェディングアイテムを作りたい！ … 222

08 動画編 … 225

- 001 Canvaで作成できる動画を知りたい！ … 226
- 002 ショート動画を作成したい！ … 228
- 003 シーンの切り替え効果を追加したい！ … 230
- 004 素材が表示されるタイミングを調整したい！ … 232

09 便利機能編 ……………………………………… 235

- 001 デザインのサイズを変更したい！ ……………………… 236
- 002 作成したデザインを探したい！ ………………………… 238
- 003 デザインをフォルダーで管理したい！ ………………… 240
- 004 チェックリストを作りたい！ …………………………… 242
- 005 デザインの文章を要約したい！ ………………………… 244
- 006 データをまとめて入力したい！ ………………………… 246
- 007 アクセシビリティをチェックしたい！ ………………… 250
- 008 おしゃれなQRコードを作成したい！ ………………… 252
- 009 ファイルサイズを調整したい！ ………………………… 254

10 アプリ編 ……………………………… 255
- 001 デザインを画像にしたい！ …………………………… 256
- 002 画像の解像度を上げたい！ …………………………… 258
- 003 画像を文字の形で切り抜きたい！ …………………… 260
- 004 文字を自由に変形したい！ …………………………… 262
- 005 文字にオシャレな影を付けたい！ …………………… 264
- 006 文字を立体にしたい！ ………………………………… 266
- 007 反転した画像を作りたい！ …………………………… 268
- 008 画像を自由に切り抜きたい！ ………………………… 270

11 設定・共有編 …………………………… 273
- 001 ダークモードにしたい！ ……………………………… 274
- 002 子どもと使いたい！ …………………………………… 276
- 003 共有方法について知りたい！ ………………………… 277
- 004 クライアントにデザインを見せたい！ ……………… 278
- 005 メンバーの権限を設定して共有したい！ …………… 280
- 006 コメントだけ可能にして共有したい！ ……………… 282
- 007 テンプレートとしてデザインを共有したい！ ……… 284

著者プロフィール ……………………………………………… 287

■ 免責事項
(1) 本書の一部または全部について、個人で使用する他は、著作権上、著者およびソシム株式会社の承諾を得ずに無断で複写／複製することは禁じられています。
(2) 本書の内容の運用によって、いかなる障害が生じても、ソシム株式会社、著者のいずれも責任を負いかねますので、あらかじめご了承ください。
(3) 本書の操作解説は、執筆時点(2024年8月)での最新版「Canva Pro」を使用しています。バージョンアップ等により、操作方法や画面が記載内容と異なる場合があります。また、Canvaの無料プランをお使いの場合は一部の機能が使えません。あらかじめご了承ください。
(4) 本書に記載されている会社名、商品名などは一般に各社の商標または登録商標です。

01

素材選び編

Chapter 1
Q.001 すばやく好みの素材を見つけたい！

素材が多くて、使いたい素材がなかなか見つかりません。何か良い検索方法はありますか？

A. サブキーワードを使おう！

キーワードと**サブキーワード**を組み合わせて検索結果を絞ってみましょう。

1 キーワードを使って素材を検索する

Canvaには、たくさんの素材が用意されています。それらの中から目的の素材を探すのは手間がかかります。検索機能を活用しましょう。

素材を検索するには、[**検索ボックス**]にキーワードを入力します。

花の素材を使いたい場合、画面左側のメニューから[**素材**]❶をクリックし、[**検索ボックス**]❷にキーワードとして「花」と入力します。検索すると、花の素材が一覧表示されます。

▲「花」で検索した例

2 サブキーワードを使って検索結果を絞り込む

左ページの手順で検索すると、たくさんの検索結果が表示されます。**サブキーワード**を使うと、検索結果を絞り込むことができます。

💡 サブキーワードを入力するときは、「**キーワード**」＋「**スペース**」＋「**サブキーワード**」のように、キーワードとサブキーワードをスペースで区切って入力します。

たとえば、「花」＋「桜」❶のように入力して検索すると、たくさんの花の素材の中から桜の花に絞り込まれます。

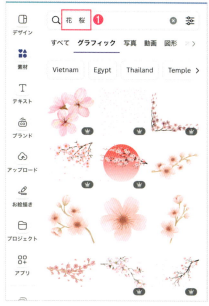

▲「花」＋「桜」で検索した例

同様に、「花」＋「黄色」❷と入力して検索すると、黄色の花に絞り込まれます。

▲「花」＋「黄色」で検索した例

Chapter 1
Q.002 おしゃれな素材や可愛い素材を使いたい！

今どきっぽいおしゃれな素材や
可愛い素材を使いたいときは、
どんなキーワードで検索すればいいですか？

A.「アブストラクト」で検索しよう！

「(素材名)」+「**アブストラクト**」や
「(素材名)」+「**可愛い**」で検索してみて。

---

1 おしゃれな素材を検索する

今どきっぽいおしゃれな素材を使いたいときは、サブキーワードに「アブストラクト」と入力して検索してみましょう。

アブストラクトデザインは、形や物を具体的に描写するのではなく、四角形や円形などを使って抽象的に描写する手法です。

アブストラクトな素材を用いることでデザインをグッと今どきっぽく、おしゃれに仕上げることができます。

▲「花」+「アブストラクト」で検索した例

2 可愛い素材を検索する

可愛い素材を使いたい場合は、サブキーワードに「可愛い」と入力して検索してみましょう。

検索結果に、ポップで可愛らしい素材だけが表示されます。

▲「花」+「可愛い」で検索した例

3 ふんわりした雰囲気の素材を検索する

やさしい、ふんわりとした雰囲気に仕上げたい場合は、サブキーワードに「水彩」と入力して検索してみましょう。

検索結果に、やさしい水彩素材だけが表示されます。

▲「花」+「水彩」で検索した例

Chapter 1
Q.003 シンプルな イラストの素材を使いたい！

シンプルなイラストの素材を使いたいときは どんなキーワードで検索すればいいですか？

A.「線画」で検索しよう！

「線画」で検索してみましょう。
サブキーワードとして素材名を組み合わせれば、
検索結果を絞り込むこともできます。

● 線画の素材を検索する

「線画」で検索すると、手書き風のシンプルな素材が見つかります。

▲「線画」で検索した例

「線画」+「(素材名)」で検索してみましょう。

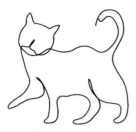
▲「線画」+「猫」で検索した例

▲「線画」+「コーヒー」で検索した例

▲「線画」+「線」で検索した例

▲「線画」+「葉」で検索した例

✏ Check
英語で検索する

▲「handdrawn」で検索した例

検索しても思いどおりの素材が見つからないときは、英語で検索してみましょう。

たとえば、「手書き」を表す「handdrawn」で検索すると、シンプルでおしゃれな手書き風の素材を探すことができます。

Chapter 1
Q.004 たくさんの写真素材の中から イメージに合う写真を見つけたい!

写真の検索結果がたくさん出てきて、使いたいものがなかなか見つかりません。すぐに見つける方法はありますか?

A.素材を絞り込もう!

写真選びに迷ったら、色や写真の向きなどで**素材の検索結果を絞り込む**ことができます。

1 写真素材を絞り込む

写真素材が多くて迷ったときは、素材の絞り込み機能を活用しましょう。

[検索ボックス]の横の[ソート]①をクリックします。

写真の色や向きなど、絞り込む対象（ここでは[カラー]は黄色、[向き]は[縦長]）❷を選択し、[ソート]❸をクリックしてソートのメニューを閉じます。

写真が絞り込まれます。

絞り込み表示を解除したいときは、下部の[すべてクリア]❹をクリックします。

2 その他の絞り込む方法

[アニメーション]❶にチェックを入れると、動きのある素材。[切り抜きのみ]❷にチェックを入れると背景が透過された素材だけが表示されます。

▲[アニメーション]にチェックを入れた例

▲[切り抜きのみ]にチェックを入れた例

Chapter1
Q.005 日本人の写真を使いたい！

日本人の写真を探しているのですが、海外の人物の写真が多く表示されます。いい探し方はありますか？

A.「日本人」で検索しよう！

検索のサブキーワードとして「日本人」を入力して検索してみてください。きっと目的の写真が見つかると思います。

1 日本人の写真を検索する

日本人の子どもが写った写真を探そうとして、素材を「子ども」で検索すると、海外の子どもたちが写っている写真が多く検索されることがあります。

▲「子ども」で検索すると、海外の子どもたちの写真が多く見つかる。

そんなときは、検索のキーワードに「日本」や「日本人」を追加すると、日本の素材を中心に写真を表示することができます。

▶「子ども」+「日本人」で検索すると、日本人の子どもたちの写真が多く見つかる。

2 複数のキーワードで検索をする

よりイメージに近い素材を探したいときは、2語、3語組み合わせて検索してみましょう。

たとえば、笑顔の子どもの写真を探したいときは「子ども」+「笑顔」+「日本人」、仕事をしている日本人女性の写真を探したいときは「仕事」+「女性」+「日本人」で検索します。

▲「子ども」+「笑顔」+「日本人」で検索した例

▲「仕事」+「女性」+「日本人」で検索した例

Chapter 1
Q.006 文字を見やすくしたい！

文字が多くなると、
メリハリを上手く出すことができません。
どうすれば文字が見やすくなりますか？

A.文字を装飾しよう！

文字に吹き出しなどの装飾(<u>**あしらい**</u>)を付けると
メリハリがつくので、
見る人の視線を集めることができますよ。

● 文字にあしらい素材を追加する

デザイン中に文字が多くなると、メリハリを出すことが難しくなり全体的に見にくくなってしまいます。

右の例では、上部に「親子で一緒に楽しく体験」と「冒険スタンプラリー」という文字が表示されており、文字量が多い印象です。

▲文字量が多く少し見づらい印象。

画面左側のメニューから[**素材**]❶をクリックし、[**検索ボックス**]❷に「あしらい」と入力して検索します。

[**グラフィック**]❸をクリックすると、手書き風のあしらい素材が表示されます。

文字にあしらい素材を追加することでデザインに動きがつき、文字量が多いデザインにメリハリを付けることができます。

01 素材選び編

▲あしらいを追加することでデザインにメリハリが付いた。

✎ Check
素材を反転する

素材❶を選択し、編集画面上部の[**反転**]❷をクリックして、[**水平に反転**]❸または[**垂直に反転**]をクリックすると、素材を反転できます。

Chapter 1
Q.007 気に入った素材を繰り返し使いたい！

今後も同じ素材を使いたいのですが、たくさんの素材の中から以前使った素材をすぐに見つける方法はありますか？

A.スターを付けよう！

気に入った素材には**目印を付けておく**ことができます。目印を付けておくと、あとからすぐに見つけることができるので便利です。

1 素材にスターを付ける

Canvaには、膨大な数の素材が用意されています。好みの素材を見つけたら目印を付けておかないと、次に探すときは面倒です。

気に入った素材を見つけたら、素材にマウスポインターを合わせます。右上に[…]（ミートボールメニュー）❶が表示されるので、クリックし、[スターを付ける]❷をクリックします。

素材にスターが付き、☆印が黄色に、項目名が[**スターを外します**]に変わります❸

スターが付いた素材は、お気に入りとして保存されます。

💡 スターを外すには、スターが付いた素材の[…]をクリックし、[**スターを外します**]をクリックします。

2 スターを付けた素材を確認する

画面左のメニューから[**プロジェクト**]❶をクリックし、[**スター付き**]❷をクリックすると、スターを付けた素材を確認できます。

スターを付けた素材は、いつでも使用できます。

💡 スターは、「写真」や「テンプレート」などに付けることもできます。

💡 スターを付けた素材は、トップページから[**プロジェクト**]＞[**スター付き**]をクリックして確認することもできます。

Chapter 1
Q.008 テンプレート内の素材にスターを付けたい！

テンプレートで使われている素材で、いいなと思うものを見つけました。この素材にスターを付けることはできますか？

A.素材の詳細を確認しよう！

はい、できますよ。
素材の詳細を表示すると、スターを付ける項目があります。

● 素材の「詳細」を確認する

テンプレートの中で気になる素材を見つけたら、素材❶を右クリックし、[**詳細**]❷をクリックして、[**スターを付ける**]❸をクリックすると、素材にスターが付きます。

スターを付けた素材は、画面左のメニューから[**プロジェクト**]をクリックし、[**スター付き**]をクリックすると確認できます

ブランドが表示されている場合、クリックすると、クリエイターページを確認できます。

✏️ Check
テンプレート内の素材と違ったバージョンの素材を探す

テンプレート内の素材と違ったバージョンの素材を探したい場合は、左ページの手順で素材の詳細を表示し、素材のタイトル部分❶をコピーします。

画面左側のメニューから[**素材**]❷をクリックし、[**検索ボックス**]❸にペーストして検索します。

[**グラフィック**]❹をクリックすると、目的の素材を探すことができます。

Chapter 1
Q.009 素材に統一感を持たせたい！

素材のテイストがバラバラなので統一感が出ません。素材に統一感を持たせるために何かいい方法はありますか？

A.同じ制作者の素材を使おう！

検索機能では、素材の**制作者（クリエイター）を検索**することもできます。同じクリエイターの素材を使えば、素材に統一感を持たせることができます。

1 素材のクリエイターページを表示する

素材にマウスポインターを合わせ、右上に表示される[…]（ミートボールメニュー）❶をクリックすると、

> 次の条件のものをさらに表示する。
> 作成者：○○○○　ブランド：○○○

と表示されます。

[**ブランド：○○○**]❷をクリックすると、素材のクリエイターのページが表示されます。

💡 素材によってはブランドの表示がないこともあります。

[**検索ボックス**]❸に探したい素材名（ここでは「food」）を入力して検索すると、特定のクリエイターが制作した素材が表示されます。

クリエイターを統一することで、素材のテイストにも統一感が生まれます。

2 クリエイターが制作したすべての素材を表示する

特定のクリエイターが制作したすべての素材を探したい場合は、@も含めたユーザー名❶をコピーしておきましょう。

素材の[**検索ボックス**]❷に、@も含めたユーザー名をペーストすると、特定のクリエイターが制作した素材が一覧表示されます。

Chapter 1
Q.010 「いらすとや」の素材を使いたい！

Canvaでは「いらすとや」の素材が使えると聞きました。どうやって探すことができますか？

A.「@irasutoya」で検索しよう！

Canvaではフリー素材サイト「いらすとや」の素材を利用できます。
「@irasutoya」で検索してみて！

● 「いらすとや」の素材を検索する

画面左側のメニューから[**素材**]❶をクリックし、[**検索ボックス**]❷に「@irasutoya」と入力して検索します。

素材にマウスポインターを合わせ、右上に表示される[…]（ミートボールメニュー）❸をクリックします。

[**ブランド：いらすとや**]❹をクリックすると、「いらすとや」のクリエイターページが表示されます。

たとえば[**検索ボックス**]❺に「テスト」と入力して検索すると、テストに関する素材が表示されます。

「いらすとや」の公式サイトを利用する場合、素材を21点以上を使った商用デザインは有償になりますが、Canva内で利用する場合、商用デザインでも素材の点数制限はありません。

Chapter 1
Q.011 Canvaの素材を商用利用したい!

Canvaの素材は
商用利用して大丈夫ですか?

A.OKです!

Canvaの素材は
商用利用できますよ!

● 商用利用の条件を確認しよう

Canvaの素材やテンプレートは、無料プラン、有料プラン(Canva Pro)に関係なく、商用利用が可能で、クレジット表記も必要ありません。

商用利用可能な例
・自社のホームページに掲載する
・SNS投稿に使用する
・マーケティング素材(広告、営業資料など)として使用する
・名刺を配布する
・取引先に年賀状を送る
・Tシャツを作成して販売する　など

商用利用NGな例
・Canvaの素材(写真・音楽・動画など)を無加工の状態で、販売、再配布、クレジットの取得を行う
・Canvaで作成したデザインを使って商標登録をする
・Canvaの素材をストックフォトサービスなどのサイトで販売する

商用利用に関する詳細は、Canva公式サイト内の案内を参照ください。
https://www.canva.com/ja_jp/learn/commercial-use/

写真加工編

Chapter 2
Q.001 手っ取り早くおしゃれに仕上げたい！

写真をどのように加工すればいいか
わかりません。手っ取り早くおしゃれに
仕上げる方法はありますか？

A.フィルターを使おう！

フィルターを使ってみてください。
ワンクリックでおしゃれな写真に
仕上げることができます。

1 フィルターをかける

フィルターは、写真の色調や質感などを設定し、写真にレトロ風や絵画風などの加工を施す機能です。写真の見た目や雰囲気を大きく変えることができます。

Canvaで写真にフィルターを設定するには、写真❶を選択し、写真上部の[**編集**]❷をクリックします。画面右側のパネルにある[**フィルター**]❸から目的のフィルターをクリックします。[**すべて表示**]❹をクリックすると、すべてのフィルターが表示されます。

ここでは、[Natural]にある[エアロ]❺を設定しました。洗練された雰囲気で写真をおしゃれに仕上げることができました。

2 フィルターの適用レベルを設定する

フィルターを設定後は、[強度]❶のスライダーからフィルターの適用レベルを調整できます。

Chapter 2
Q.002 写真を円形に切り抜きたい!

写真の形を丸くしたいのですが、どうしたらいいですか？

A.フレームにおさめよう!

フレーム機能を使ってみてください。
写真を好きな形に変更することができますよ。

1 写真をフレームにおさめる

画面左側のメニューから[**素材**]❶をクリックし、[**フレーム**]をクリックすると、さまざまな形のフレームが表示されます。

[**円形**]❷をクリックすると、ページに円形のフレーム❸が配置されます。

写真❹をフレーム上にドラッグします。

写真が円形のフレームの中におさまりました❺。

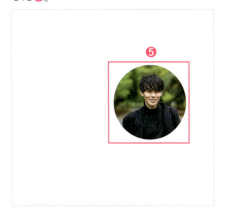

フレーム内❻をダブルクリックすると、写真の表示位置やサイズを変更できます。

2 人気のフレーム

[**フレーム**]の[**デバイス**]にあるスマートフォンやPCは、人気のフレーム機能です。おしゃれな雰囲気を加えたいときは、[**水玉**]のフレーム素材もおすすめです。

▲[**デバイス**]にあるスマートフォンやPCのフレーム例

▲[**水玉**]のフレーム例

Chapter 2
Q.003 写真をきれいに並べたい!

たくさんの写真を一つひとつ動かして
整列するのは面倒です。
何かいい方法はありますか?

A. グリッドを使って配置しよう!

グリッド機能を使えば、
あらかじめきれいに並んだ枠の中に
写真を配置できます。

1 グリッドに写真を配置する

画面左側のメニューから[**素材**]❶をクリックし、[**グリッド**]をクリックします。

上下に同じサイズの写真を配置できるグリッド❷をクリックすると、キャンバスのサイズに合わせてグリッドが配置されます。

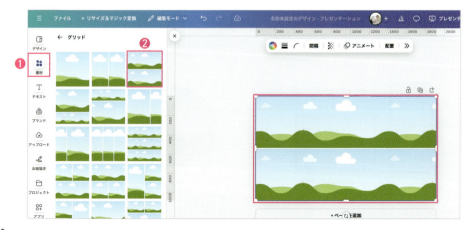

アップロードした写真、または素材の写真をグリッドにドラッグすると、グリッド内に写真が配置されます。

2 グリッドの間隔を調整する

グリッド❶を選択し、画面上部の[**間隔**]❷をクリックしてスライダーを調整すると、グリッドの間隔を変更できます。

「0」にすると、グリッドの間隔がなくなります。

> 💡 グリッド内の写真をダブルクリックすると、表示位置やサイズを調整できます。

Chapter 2
Q.004 グリッドの使い方をもっと知りたい！

グリッド機能を使った写真の配置はおもしろいと思いました。もっとアレンジはできますか？

A.グリッドを編集しよう！

グリッドは、**角を丸くしたり**、**縁を付けたり**することができます。印象も変わりますよ。

---

1 グリッドの角を丸くする

グリッド❶を選択し、**[角の丸み]**❷をクリックしてスライダーを調整すると、グリッドの角が丸くなります。

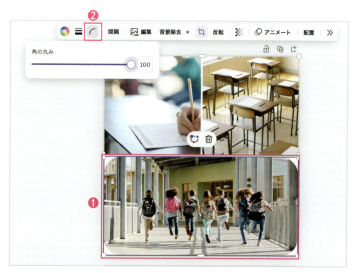

2 グリッドに縁を付ける

グリッド❶を選択し、[**罫線スタイル**]❷から罫線の太さを設定できます。

[**枠線の色**]❸からは、罫線の色を設定できます。

3 スタイルをコピーする

縁を付けたグリッドの設定をほかのグリッドにも設定したい場合、いちいち設定していては手間がかかります。スタイルをコピーすると、ほかのグリッドにも効率よく設定できます。

グリッド❶を選択し、右クリックして[**スタイルをコピー**]❷をクリックします。

マウスポインターが「ペンキマーク」❸の形になるので、ほかのグリッドをクリックすると、縁の設定が貼り付けられます❹。

Chapter 2
Q.005 横長の写真を正方形にしたい！

バナーやチラシを作るわけではなく、写真を正方形にしたいだけなのですが、写真を編集するだけというのはできますか？

A.切り抜き機能を使おう！

Canvaでは写真の編集のみ行うこともできます。横長の写真を正方形にしたい場合は、**切り抜き機能**を使ってみましょう。

1 切り抜く写真をアップロードする

写真の編集のみ行いたい場合は、トップページから[**アップロード**]❶をクリックし、写真をアップロードします。

> 💡 写真を切り抜くことを「**トリミング**」ともいいます。

写真をアップロードできたら、[**画像を編集**]❷をクリックします。

2 切り抜く位置やサイズを編集する

[切り抜き]❶をクリックし、[1:1]❷をクリックすると、写真が正方形の枠で囲まれます。

枠❸をドラッグすると、位置を変更できます。枠の周囲に表示されるハンドル❹をドラッグすると、枠のサイズを変更できます。

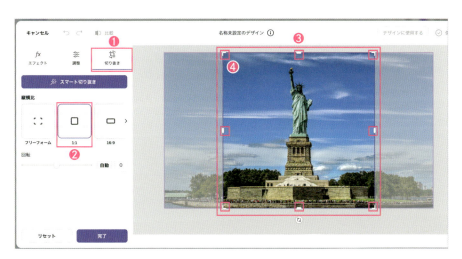

[スマート切り抜き]❺をクリックすると、切り抜く位置やサイズが自動的に調整されます。

[完了]❻をクリックすると、写真が正方形に切り抜かれます。

3 写真を保存する

[**保存**] ❶をクリックし、保存方法を選択します。

● 保存方法

Canvaに保存	Canvaの[**アップロード**]フォルダーに写真が保存されます。
ダウンロード	写真がダウンロードされ、パソコンに保存されます。

✏ Check
写真を回転する

写真の下部に表示される[**回転ハンドル**]❶をドラッグすると、写真を回転できます。

Chapter 2
Q.006 写真の色や明るさを調整したい!

写真の色が少し暗いので明るくしたいのですが、どうしたらいいですか?

 A.色調を調整しよう!

[調整]機能を使えば、写真の色や明るさ、コントラストなどを調整できます。

02 写真加工編

1 写真の色調を調整する

写真の色調を調整するには、写真❶を選択し、写真上部の[編集]❷をクリックします。

画面右側に表示される[調整]パネル❸から各スライダーを設定します。

[色温度]や[色合い]、[明るさ]、[コントラスト]などを細かく調整できます。

2 写真の色調を自動調整する

どの部分を調整していいかわからない場合は、[自動調整]❶をクリックすると、色調が自動的に調整されます。

[調整をリセット]❶をクリックすると、写真を元の状態に戻すことができます。

[カラー調整]❶に色が表示されている場合、写真の該当カラー部分のみ色調を調整できます。

Chapter 2
Q.007 人物の色だけを調整したい!

写真の背景はそのままにして、
人物だけ明るさやコントラストを調整したいです。
Canvaでできますか？

A.調整エリアを変更しよう!

はい。できます。
色調を調整するエリアを選ぶと、
被写体の色調だけを調整できます。

● **人物のみ色調を調整する**

写真❶を選択し、画面上部の[**写真を編集**]❷をクリックします。

[**調整**]❸をクリックし、[**エリアを選択**]から[**前景**]❹を選択すると、写真の前景（被写体）のみ、明るさなどの調整が可能です。

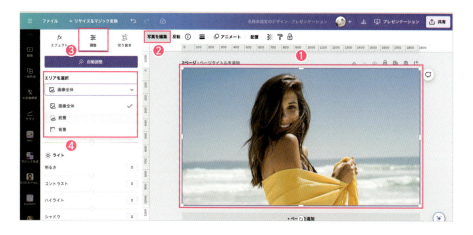

051

Chapter 2
Q.008 写真の特定の色だけ調整したい!

写真の青い部分だけ色味を変えるなど、特定の色だけ調整することはできますか?

A.カラー調整を設定しよう!

はい。できます。
[**カラー調整**]機能を使うと、
特定の色を指定して調整できます。

● 特定の色の色調を調整する

写真❶を選択し、写真上部の[**編集**]❷をクリックします。

[調整]をクリックすると、[**カラー調整**]❸にはCanvaによって識別された色が表示されています。

> [**カラー調整**]に表示されていない色の調整はできないので注意が必要です。

ここではマスタードカラー❹をクリックして選択し、[**色相**]、[**彩度**]、[**明度**]❺のスライダーを調整すると、写真中のマスタードカラーの部分のみ色調が調整されます。

次にオレンジ❻を選択し、スライダーを調整しました❼。

写真の特定の色だけ色調を調整したいときに便利な機能です。

Chapter 2
Q.009 写真の一部をぼかしたい!

プライバシーの問題もあるので、
写真の一部にぼかしを入れたいです。

A.ぼかし効果を使おう!

Canvaには**ぼかし効果**が備わっています。
写真の一部をぼかすことも、
全体をぼかすこともできますよ。

1 ぼかし効果で写真の一部をぼかす

写真❶を選択し、写真上部のメニューから[編集]❷をクリックして、[エフェクト]にある[ぼかし]❸をクリックします。

[**ブラシサイズ**]❹を調整し、[**強度**]❺のスライダーをドラッグしてぼかしの強さを調整します。

> 💡 [**画像全体**]を選択すると、写真全体をぼかすことができます。

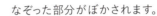

写真のぼかしたい部分❻をなぞります。　なぞった部分がぼかされます。

2 ぼかしを削除する

[**ブラシの種類**]から[**削除**]❶を選択すると、画像をなぞってぼかし効果を解除ができます。

> 💡 すべてのぼかし効果を解除したい場合は、下部の[**ぼかしを削除**]❷をクリックします。

Chapter 2
Q.010 肌をきれいに見せたい！

Canvaでは、
肌を美肌にすることができると聞きました。
どうやるのですか？

A. フェイスレタッチ機能を使おう！

効果の中から
[**フェイスレタッチ**]を選択するだけで、
肌をきれいに見せることができます。

● フェイスレタッチ機能で肌をきれいに加工する

写真❶を選択し、写真上部の[**編集**]❷を
クリックします。

[エフェクト]にある[フェイスレタッチ]
❸をクリックします。

[滑らかな肌]❹のスライダーをドラッグすると、自然に肌をきれいにできます。

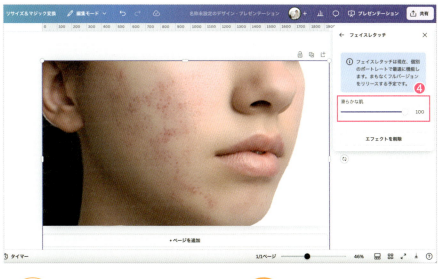

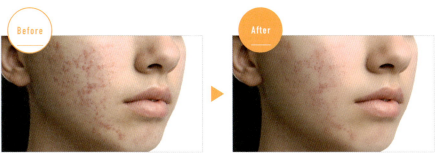

※2024年8月現在、フェイスレタッチ機能は開発中です。今後、より詳細に調整できる完全版がリリースされる予定です。

Chapter 2
Q.011 写真の角を丸くしたい！

四角い写真が並んでいると少し堅苦しいので、
写真の角を丸くして、
やわらかい雰囲気にしたいです。

A.罫線スタイルを設定しよう！

[**罫線スタイル**]を設定すると、写真の角を丸くできます。複数の写真の角を丸くしたい場合は、**スタイルのコピー機能**を使うと効率的ですよ。

1 写真の角を丸く調整

写真の角を丸くするには、写真❶を選択します。

写真上部の[**罫線スタイル**]❷をクリックし、[**角の丸み**]❸のスライダーを右方向へドラッグして数値を上げると、角が丸くなります。

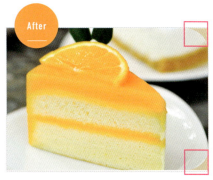

2 スタイルをコピーしてほかの写真の角も丸くする

丸く調整した写真と同じように他の写真も丸みを調整したいときは、角を丸くした写真❶を右クリックし、[**スタイルをコピー**]❷を選択します。

角を丸くしたい写真❸を右クリックし、[**貼り付け**]❹をクリックすると、写真の角が丸くなります。

💡 貼り付けは1回しか適用されません。さらにほかの写真の角を丸くするには、[**スタイルをコピー**]と[**貼り付け**]を繰り返します。

Chapter 2
Q.012 写真を縁取りしたい！

写真を縁取りしたいです。
どうしたらいいですか？

A.罫線スタイルを設定しよう！

縁取りしたい写真を選択して、
[罫線スタイル]から
線の種類を選択しましょう。

1 写真に縁取りを設定する

縁取りしたい写真❶を選択し、上部の[罫線スタイル]❷をクリックして、線の種類（ここでは[直線]）❸を選択します。

[罫線の太さ]❹のスライダーをドラッグし、縁取りの線の太さを設定すると、写真に縁取りが設定されます。

2 縁取りの線の色を設定する

縁取りの線の色を設定するには、上部の[**枠線の色**]❶をクリックし、画面右側のパネルから目的の色❷をクリックします。

3 縁取りの線を削除する

写真に設定した縁取りを削除するには、[**罫線スタイル**]❶から[**なし**]❷を選択します。

✏ Check
図形に縁取りを設定する

縁取りは、写真だけでなく、図形に設定することもできます。

Chapter 2
Q.013 写真に影を付けたい！

写真に影を付けて立体的に見せたいのですが、影を付けることはできますか？

A. シャドウ効果を設定しよう！

[シャドウ]効果を設定すると、写真に影を付けることができます。

● 写真に影を付ける

影を付けたい写真❶を選択し、上部の[編集]❷をクリックします。

> 写真に設定した影を削除するには、影を設定した写真を選択し、上部の[編集]をクリックします。[エフェクト]にある[シャドウ]をクリックし、[なし]を選択します。

[**エフェクト**]にある[**シャドウ**]❸をクリックし、影の種類❹を選択します。

> 影の色やぼかしのサイズ、強度などはあとから調整できます。

▲元の写真

▲[**グロー**]の設定例
写真の四隅全体に影が付き、写真が浮き上がったような仕上がりになります。

▲[**ドロップ**]の設定例
写真の右側と下部に影が付き、写真に立体感が出ます。

▲[**アウトライン**]の設定例
写真に角丸の枠が表示されます。

Chapter 2
Q.014 (Mockups) 写真をスマホの画面に貼り付けたい！

実際のスマートフォンで写真を見ているかのような見本ができたらかっこいいと思いませんか。いい方法はありますか？

A. モックアップ素材を使おう！

モックアップ素材を使ってみてはいかがでしょうか。本物のスマートフォンや看板などのように、合成写真を作成できます。

---

1 モックアップ画像を作成する

トップページから[**アプリ**]❶をクリックし、[**Mockups**]❷をクリックします。

💡「モックアップ」とは、Canvaで作成したコンテンツが実際にどのように見えるかをシミュレーションした見本のことです。

［検索ボックス］❸に「スマートフォン」と入力して検索すると、モックアップ素材が表示されるので、使用したい素材❹をクリックします。

モックアップ素材を選択すると、画像を選択する画面が表示されます。

［アップロード］❺をクリックすると、Canvaにアップロードされている画像が表示されます。モックアップ素材と合成したい写真❻を選択します。

> 右上の［アップロード］をクリックすると、パソコン内の写真をアップロードできます。
>
>

写真を選択すると、サンプル画像が表示されます。

［画像の調整］❼をクリックします

画像の調整画面が表示されるので、表示位置を調整します。調整が不要な場合は、[戻る]❽をクリックします。画面全体に写真を表示させたい場合は、[全体表示]❾を選択します。[スマート切り抜き]❿をクリックすると、サイズや角度が自動的に調整されます。表示位置の調整が完了したら[保存]⓫をクリックします。

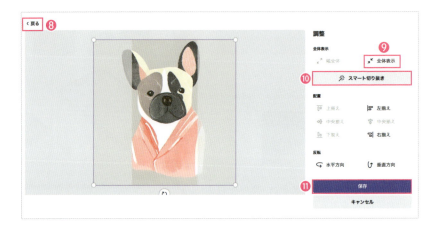

モックアップ画像が完成しました。

[モックアップの保存]⓬をクリックします。

[デザインに使用]⓭をクリックします。

[ダウンロード]⓮をクリックすると、モックアップ画像をダウンロードしてパソコンに保存できます。

目的のカンバスサイズ❻を選択すると、デザイン編集画面が表示されます。

2 モックアップ画像を編集する

作成したモックアップ画像は、画面左側のメニューから[**アップロード**]❶をクリックすると確認できます。

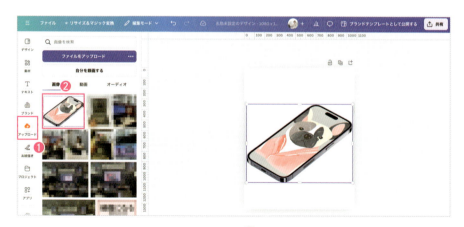

> デザイン編集画面からモックアップ画像を作成したい場合は、画面左側のメニューから[**アプリ**]をクリックし、[**検索ボックス**]に「Mockups」と入力して検索すると、モックアップ素材を探すことができます。

Chapter 2
Q.015　ネットショップ用に写真をまとめて加工したい！

商品写真

写真に統一感を持たせて、同じネットショップの商品写真のように見せたいです。
写真をまとめて加工できたら便利なのですが。

A.商品写真機能を使おう！

[**商品写真**]機能を使えば、
同じテイストで一括加工することができます。

● 商品写真を一括加工する

トップページから[**アプリ**]❶をクリックし、[**商品写真**]❷をクリックして、[**写真を選択**]❸をクリックします。

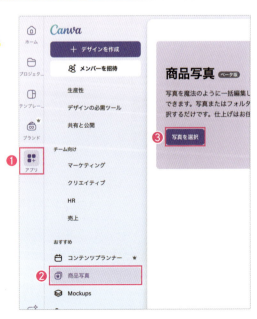

写真を選択する画面が表示されるので、まとめて加工したい写真をアップロードします。

[次へ]❹をクリックします。

> 写真は、最大10枚まで選択できます。

写真のスタイル（ここでは[プラチナ]）❺を選択すると、複数の写真がまとめて加工されます。

Chapter 2
Q.016  写真の透過部分を修正したい！

写真の背景を透過したのですが、
透過させる部分を上手に設定できませんでした。
やり直さなければなりませんか？

A.ブラシで修正しよう！

背景を透過したあと、
透過させる部分を修正したり、
もとに戻したりできますよ。

1 背景を透過をする

背景を透過したい写真❶を選択し、写真上部の[編集]❷をクリックします。

[マジックスタジオ]にある[背景除去]❸をクリックします。

💡 [背景除去]は、Canva Proの機能です。

写真の背景が透過されます。

2 背景を透過したあとに編集する

背景透過したあとに、再度[背景除去]❶をクリックします。

[ブラシを選択]から[削除]❷をクリックし、[ブラシサイズ]❸のスライダーをドラッグしてブラシのサイズを設定します。

画像の任意の部分❹をなぞると、その部分を透過できます。

背景の透過の修正を終了するには、[ツールのリセット]❺をクリックします。

💡 [ブラシを選択]から[復元する]をクリックして任意の部分をなぞると、透過した部分を元に戻すことができます。

💡 [元の画像を表示]をオンにすると、背景部分を薄く表示して編集することができます。

02 写真加工編

071

Chapter 2
Q.017

 Canva Pro

写真の不要な部分を除去したい！

写真に写り込んでしまった不要なものを消すことはできますか？

A. マジック消しゴムで修正しよう！

マジック消しゴム機能を使えばかんたんに不要なものを消すことができます。

● 写真の不要なものを削除する

写真❶を選択し、写真上部の[**編集**]❷をクリックします。

[**マジックスタジオ**]にある[**マジック消しゴム**]❸をクリックします。

[**マジック消しゴム**]は、Canva Proの機能です。

072

[**ブラシサイズ**]❹のスライダーをドラッグしてブラシのサイズを設定します。

写真内の不要な部分（ここでは、人物の背後に映り込んだタクシー）❺をなぞっていき、[**削除する**]❻をクリックします。

タクシーが削除され、タクシーがあった部分は自然に画像が生成されます❼。

同様の手順で、水面に映り込んだタクシーや左側のタクシーもなぞっていきます❽。

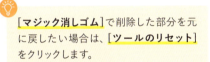

[**マジック消しゴム**]で削除した部分を元に戻したい場合は、[**ツールのリセット**]をクリックします。

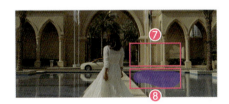

Before

After

Chapter 2
Q.018 写真の背景を広げたい！

 Canva Pro

写真をサイズいっぱいに広げると
人物も大きくなってしまうため、文字を配置できません。
なんとか背景だけ広げることはできませんか？

A.マジック拡張を使おう！

マジック拡張を使うと、
写真の背景をいい感じに生成してくれます。

● マジック拡張で背景を生成する

たとえば、右図のサイズのInstagram用画像を作成するとします。

文字を配置したいのですが、写真をページサイズ全体に拡大すると、人物も大きくなり文字が配置しにくくなってしまいます。

そんなときは、写真❶を選択し、写真上部の[編集]❷をクリックします。

💡 [マジック拡張]は、Canva Proの機能です。

[**マジック拡張**]❸をクリックします。

[**サイズを選択**]からサイズを選択します。ここでは、ページ全体に写真を拡張したいので[**ページ全体**]❹を選択します。[**マジック拡張**]❺をクリックします。

4種類の画像が生成されます。

💡 イメージに近いものがない場合、[**新しい結果を生成する**]をクリックすると、新たに4パターン生成されます。

イメージに合う画像❻を選択し、[**完了**]❼をクリックします。

背景が拡張された部分に文字を配置できました。

Before

After

Chapter 2
Q.019 写真の被写体を移動させたい！

Canva Pro

文字を配置したいのですが、被写体が少し邪魔です。被写体だけを動かすなんてこと、Canvaでできますか？

A. マジック切り抜き機能を使おう！

[マジック切り抜き]機能を使うと、被写体のみ自由に動かすことができます。もともと被写体が写っていた部分は、背景が自動的に生成されるんです。

● マジック切り抜き機能で被写体を移動する

下図の場合、写真に文字を配置したいのですが、被写体のために文字が配置しにくくなっています。

[マジック切り抜き]機能は、Canva Proの機能です。

写真を選択し、写真上部の[編集]❶をクリックします。

[マジック切り抜き]❷をクリックすると、被写体をCanvaが認識します。

被写体をクリックすると選択できるので、男性❸と女性❹をそれぞれクリックして選択します。

[切り抜き]❺をクリックし、選択されている被写体をドラッグすると移動できます❻。

被写体が写っていた部分は、背景が自動的に生成されます。

文字を配置し、デザインを完成させました❼。

✎ Check
マジック切り抜き機能を利用したデザイン

写真の上にテキストを配置し、被写体を選択してマジック切り抜きを実行します。
その後、被写体を右クリックし、[レイヤー]をクリックして[最前面へ]をクリックすると、背景と被写体の間に文字を挟み込んだようなデザインを作成できます。

Chapter 2
Q.020 イメージ通りの写真がない!

なかなかイメージ通りの素材を見つけることができません。

A. AIで画像を作成しよう!

Canvaでは、AIを使って架空の画像を作成できます。無料ユーザーでも利用できるので試してみましょう!

1 Canva AIで画像を生成する

Canvaには、AIが画像を生成してくれる[**マジック生成**]機能があります。

画面左側のメニューから[**素材**]①をクリックし、スクロールして[**AI画像生成機能**]にある[**独自のものを生成する**]②をクリックします。

[画像]タブ❸をクリックし、[作成するものを説明]❹に、生成したい画像のプロンプト(ここでは「踊っているフレンチブルドッグ」)を入力します。

> 「プロンプト」とは、AIに対して行う指示や質問文のことです。

[スタイル]❺から画像のスタイル(ここでは[アニメ])を選択します。

画面をスクロールし、[縦横比]❻から画像の縦横比(ここでは[縦])を選択します。

[画像を生成]❼をクリックすると、1分ほどで4パターンの画像が生成されました(次ページ参照)。

> 生成にかかる時間は、プロンプトの内容によって異なります。

イメージに近い画像❽をクリックすると、AIによって生成された画像がページに配置されます。

💡 イメージに近いものがない場合は、[**再生成する**]❾をクリックすると、新しい画像が4パターン作成されます。

💡 AIによって生成された画像は、画面左側のメニューから[**アップロード**]をクリックすると確認できます。

Before

▶

After

✏️ Check
CanvaAI「マジック生成」の使用回数

マジック生成機能の利用回数は、「クレジット」という通貨のようなもので管理されています。
1回の生成に1クレジット必要です。Canvaの無料ユーザーは毎月50クレジット支給されるので、1か月に50回まで利用できます。
Canva Pro、Canva for Teams、Canva for NPO Canva for Educationのユーザーは、毎月500クレジット支給されます（※2024年8月時点）。
クレジットの残数は、画面下部の表記で確認できます。

2 スタイルを合わせて作成する

プレゼン資料などで統一感のある画像を使いたい場合は、スタイルを合わせて画像を生成するのがおすすめです。

プロンプトを「勉強をするフレンチブルドッグ」にして、先ほどと同じスタイルの[アニメ]を選択し、画像を生成しました。

統一感のある画像が生成されました。

3 Canva AIでグラフィック素材を作成する

[グラフィック]タブ❶をクリックすると、背景のないグラフィック素材を作成できます。

ここでは、[作成するものを説明]❷に「マイクを持って歌う猫」と入力し、グラフィック素材を作成しました。

デザイン内のワンポイントとして使用したいときに便利です。

Canvaにアップロードできるメディアの数

Canvaのデータは、クラウドに保存されます。クラウドにアップロードできる写真や動画の数は、無料版と有料版で異なります。

無料版ユーザーは、写真や動画などのメディアを最大5GB分、アップロードできます。写真の場合、サイズにもよりますが、5000枚程度のアップロードが可能です。

Canva Pro、Canva for Teams、Canva for Education、Canva for Nonprofitsのユーザーは、最大1TBまでアップロードできます（※2024年8月時点）。

03

デザイン編

Chapter 3
Q.001 図形の形を変更したい！

円形の図形でデザインを作成しましたが
四角に変更したいです。
図形はあとから変更できますか？

A.図形を変更しよう！

はい。
図形はいつでも**ワンクリックで変更**できますよ。

● 図形を変更する

デザインを作成したけどイマイチピンとこない、と思うことがあります。そんなときは、図形を変更してみましょう。

図形（ここでは正方形）❶を選択し、画面上部の**[図形]**❷をクリックします。

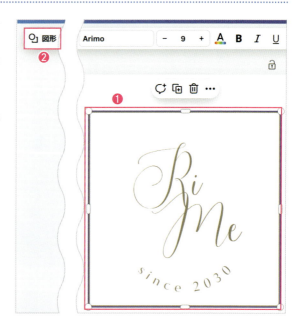

図形(ここでは[**円形**])❸をクリックすると、図形が正方形から円形に変更されます。

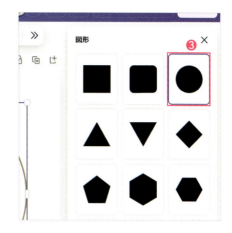

▲図形を変えるとイメージも変わる。

Chapter 3
Q.002 複数の素材を中央に揃えたい！

文字や写真の素材を
真ん中にピタッと配置するのが難しいです。
いい方法はありますか？

A. ガイド線や配置機能を使おう！

素材をドラッグすると表示されるガイド線を
目安に配置してみましょう。複数の素材を
揃えたいときは、[配置]機能が便利ですよ！

1 素材をドラッグしてページの中心に配置する

文字や写真などの素材をページの中心に配置したいときは、素材をページの中心付近にドラッグ❶します。

素材がページの中心に重なるとピンクのガイド線が表示されるので、ガイド線を目安に配置します。

2 複数の素材を中央で揃える

複数の素材❶を選択します。

> 💡 複数の素材を選択するには、Shiftキーを押しながら素材をクリックします。

画面上部の[**配置**]❷をクリックします。

[**素材を整列させる**]から揃え方を選択します。ここでは、[**中央揃え**]❸をクリックしました。

複数の素材が中央で揃いました。

3つの素材をドラッグ❹し、ピンクのガイド線を目安にページの中心に移動します。

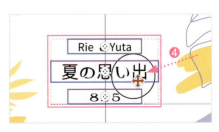

Chapter 3
Q.003 複数の素材を等間隔に並べたい！

素材を等間隔に並べたいのですが、
ドラッグ操作だときれいに配置できません。
何かいい方法はありますか？

A.配置機能を使おう！

素材を等間隔に並べたいときも[配置]機能が使えますよ！　複数の素材を等間隔に並べると、きれいで見やすいデザインになりますね。

1 素材を等間隔に配置する

複数の素材を等間隔に配置するには、まず複数の素材❶を選択します。

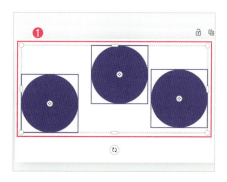

次に、画面上部の[配置]❷をクリックします。

[配置]が表示されていない場合は、[>>]をクリックすると表示されます。

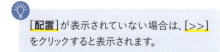

画面右側に表示される[**配置**]パネルの[**均等配置**]にある[**整列する**]❸をクリックすると、複数の素材が等間隔に配置されます。

> 等間隔に配置した複数の図形をページの中心に配置したい場合は、複数の図形をグループ化し、[**配置**]をクリックして[**中央揃え**]をクリックします。

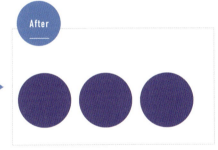

2 ドラッグ操作で素材を等間隔に配置する

ドラッグ操作で複数の図形を等間隔に配置することもできます。

まず2つの図形❶を任意の間隔に配置します。

次に、3つ目の図形❷をドラッグします。

数値が表示されるので、ほかの図形の間隔と同じ数値になったところでマウスのボタンから指を離します。

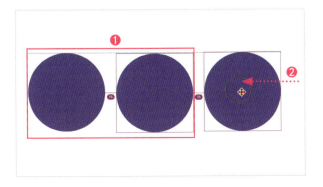

Chapter 3
Q.004 定規やガイドを表示したい！

素材の位置を揃えたいのですが、
いちいち整列するのは面倒です。
何かいい方法はありませんか？

A. 定規やガイドを使おう！

定規やガイドを表示すると、
それらを目印にして
素材を揃えることができます。

1 定規を表示する

[**ファイル**]❶をクリックし、[**設定**]❷を
クリックして、[**定規とガイドを表示**]❸
をクリックすると、左端と上端に定規
が表示されます。

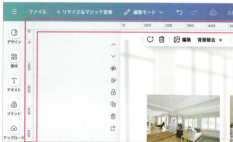

💡 定規の表示／非表示を切り替える
ショートカットキー
Mac／Win：shift ＋ R

2 ガイドを追加する

左端の定規❶から右方向へドラッグすると、ガイドが追加されます❷。

 ガイドは、素材の位置を揃えるための線です。ドラッグして位置を調整できます。作品や印刷物には表示されません。

ガイドに沿わせて文字や写真を配置❸すると、位置がきれいに揃います。

 ガイドを追加すると、[**ファイル**]＞[**設定**]に[**ガイドをクリアする**]と[**ガイドをロック**]が追加されます。
[**ガイドをクリアする**]をクリックすると、ガイドを消去できます。
[**ガイドをロック**]をクリックすると、ガイドをロックできます。ガイドをロックすると、ガイドの消去や移動ができなくなるので、ガイドを不意に移動したり、削除したりするトラブルを防ぐことができます。

Chapter 3
Q.005 見えなくなってしまった素材を表示したい！

図形を配置したら
文字が見えなくなってしまいました。
どうしたらいいでしょうか。

A. 重なり順を変更しよう！

新しい素材は、それまで配置されていた素材に重なって配置されます。**素材の重なり順を変更**すると、隠れていた素材が表示されますよ。

1 素材を背面に移動する

右図の場合、文字に図形が重なっているため、文字の一部が隠れています。

文字と図形の重なり順を変更すると、隠れている文字が表示されます。

重なっている図形（ここでは四角形）❶を選択し、右クリックして、[**レイヤー**] > [**背面へ移動**] ❷を選択します。

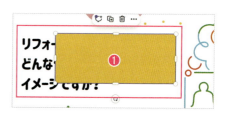

図形が文字の後ろに移動し、文字が見えるようになりました。

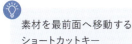
素材を最前面へ移動する
ショートカットキー
Mac：⌘ + option +]
Win：ctrl + Alt +]

素材を最背面へ移動する
ショートカットキー
Mac：⌘ + option + [
Win：ctrl + Alt + [

2 レイヤーを背面に移動する

素材の重なり順は、レイヤー機能を使って入れ替えることもできます。

画面を右クリックし、[**レイヤー**] > [**レイヤーを表示**] ❶ をクリックすると、右側にレイヤー ❷ が表示されます。

レイヤーは素材ごとに作成され、レイヤーの順番が素材の重なり順です。

レイヤーをドラッグして順番を入れ替えると、隠れていた素材が表示されます。

レイヤーを選択すると、対応する素材も選択されます。素材が増えて選択しにくい場合などは、レイヤー機能を使うと作業しやすいのでおすすめです。

Chapter 3
Q.006 デザインのアイデアが浮かばない！

なかなかいいデザインが思いつきません。プロのデザイナーさんたちはどうやってアイデアを思い付いているんだろう。

A. テンプレートを参考にしよう！

プロでも、いいデザインが思いつかない、といったことはあります。**テンプレートのデザイン**はとても参考になります。

1 トップページからテンプレートデザインをチェックする

トップページ左側のメニューから[**テンプレート**]をクリックすると、テンプレートが表示されます。

画面をスクロールすると、Canvaおすすめのテンプレートや最近作成したデザインに近いテンプレート、Instagram投稿など、カテゴリーごとのテンプレートを確認できます。

2 特定のカテゴリーのテンプレートデザインをチェックする

Instagramやポストカードなど、特定のカテゴリーのテンプレートを探したいときは、トップページの[**検索ボックス**]❶にテンプレート名を入力してみましょう。

たとえば、「Instagram投稿」で検索すると、Instagram投稿に関するテンプレートが表示されます。

気になったテンプレートをクリックすると、大きな画面でデザインを確認できます。

[**似た画像をもっと見る**]❷をクリックすると、似たタイプの画像を一覧で確認できます。

[**すべてのフィルター**]❸をクリックすると、画面左に[**フィルター**]❹が表示されます。

フィルターを利用すると、作りたいイメージのスタイルやテーマでテンプレートを絞り込むことができます。

Chapter 3
Q.007 同じクリエイターの素材を今後もチェックしたい!

テンプレートデザインを見ていたらデザインが好みのクリエイターがいました。今後もすぐに見つける方法はありますか？

A.フォローしよう!

いいな、と思うクリエイターがいたら**フォロー**しましょう！ フォローしたクリエイターのデザインが検索結果に優先的に表示されるようになります。

1 Canvaクリエイターをフォローする

テンプレートを表示し、テンプレート名の左側に表示されるユーザーアイコン❶にマウスポインターを合わせると、クリエイター名を確認できます。

[プロフィールを表示]❷をクリックします。

💡 Canvaのテンプレートは、Canvaデザイナーが作成しているテンプレートと、公式クリエイター（Canvaクリエイター）が作成しているテンプレートの2種類があります。

Canvaクリエイターのページが表示され、クリエイターが作成したデザインが一覧表示されます。

[フォロー]❸をクリックすると、Canvaクリエイターをフォローできます。

Canvaクリエイターをフォローすると、検索画面の左側に[フォロー中のクリエイター]❹が表示されるようになります。

[フォロー中のクリエイター]をクリックすると、フォローしているCanvaクリエイターのデザインが表示されます。

また、素材を検索すると、フォローしているクリエイターのデザインが優先的に表示されます。

2 おすすめのCanvaクリエイター

▲ アカウント名：@starrydesignstudio
　女性向けのくすみデザインが得意

▲ アカウント名：@greendesign-web
　ビジネス系デザインでおすすめ

▲ アカウント名：@s-team878388720
　ポップで目を引くクリエイター

▲ アカウント名：@447design
　美容サロン系デザインでおすすめ

Chapter 3
Q.008 投稿にアニメーションを付けたい!

複数枚のインスタ投稿を作成していますが、単調で味気ないものになってしまいます。メリハリを付けたいのですが、いいアイディアはありますか?

A.アニメーションを設定しよう!

アニメーションを設定してみてはいかがでしょうか。投稿にメリハリが付き、ユーザーの興味を引くことができます!

1 デザインにアニメーションを設定する

ページの背景素材❶を選択します。背景素材がない場合は、ひとまず文字や画像を選択します。

上部に表示される[**アニメート**]❷をクリックします。

文字や画像を選択した場合は、[**テキストアニメーション**]画面が表示されるので、スライドして[**ページのアニメーション**]に切り替えます。

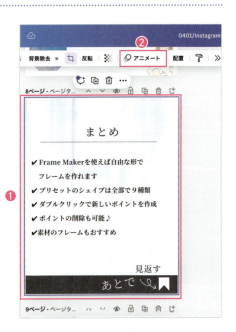

画面の右側に[ページのアニメーション]パネル❸が表示され、アニメーションの一覧が表示されます。

アニメーションを選択すると、アニメーションが設定されます。

おすすめは[ベーシック]にある[ライズ]❹です。シンプルに下から上にコンテンツが表示されるアニメーションです。

💡 Canva Proでは、アニメーションの速度などを細かく調整できます。

2 アニメーションを設定したデザインをダウンロードする

アニメーションを設定したデザインをダウンロードするには、画面上部の[共有]❶>[ダウンロード]をクリックし、[ファイルの種類]から[MP4形式の動画]❷を選択します。

[ページを選択]❸で、アニメーションを設定したページを選択します。複数のページを選択すると、つながった動画になります。

[ダウンロード]❹をクリックすると、パソコンにダウンロードされます。

💡 Canva Proの場合は、[ページを選択]で複数のページを選択しても、[ページを個別のファイルとしてダウンロードする]にチェックを入れることで、それぞれ個別の動画としてダウンロードできます。

Chapter 3
Q.009 背景を動かしたくない！

ページに配置されている画像を動かそうとすると、背景が動いてしまいます。なんとかなりませんか？

A. 素材をロックしよう！

ロック機能を活用しましょう。素材が固定されるので、誤って素材を移動や削除してしまうトラブルを防ぐことができます。

1 素材をロックする

素材（ここでは背景素材）❶を選択し、上部に表示される[…]（ミートボールメニュー）❷をクリックして、[**ロック**]>[**ロック**]❸をクリックします。

背景が固定されて動かせなくなりました。

💡 ロックを解除するには、ロックされている素材を選択し、[**ロック解除**]をクリックします。

2 位置だけ固定する

「文字は編集したいけど、素材自体は動かないようにしたい」ということもあります。

そんなときは、素材（ここではテキストボックス）❶を選択し、上部に表示される[…]（ミートボールメニュー）❷をクリックして、[**ロック**] > [**位置だけロック**]❸をクリックします。

テキストボックスは移動できなくなりますが、文字は編集できます。

💡 [**位置だけロック**]を解除するには、ロックされている素材を選択すると上部に表示される[**ロック解除**]をクリックします。

Chapter 3
Q.010 写真を同じサイズで配置したい！

同じサイズで写真を配置したいのですが、なかなか上手くいきません。

A.写真を差し替えよう！

写真を同じサイズで配置したいときに使える**裏技**をお教えします♪

1 1枚目の写真を配置する

異なる比率の写真を配置すると、レイアウトが崩れてしまいます。

そんなときは、まず1枚目の写真❶でレイアウトサイズを決めます。

今回は、正方形で3枚の写真を配置していきます。

▲比率が違うのできれいに並ばない。

2 2枚目以降の写真を配置する

写真❶を選択し、上部に表示される[**複製**]❷をクリックすると、写真が複製されます。

1枚目の写真を複製し、3枚の写真❸を配置します。

素材、またはアップロードした写真❹を2枚目の写真にドラッグします。

横長の写真をドラッグしましたが、正方形で配置されました❺。

同様に3枚目の写真❻もドラッグすると、正方形で配置されます。

Chapter 3
Q.011 写真に重ねた文字を見やすくしたい！

写真の上に文字を重ねたいのですが、見づらくなってしまいます。何かいい方法はありますか？

A.図形を利用しよう！

写真の上に<u>図形を配置</u>して、その上に文字を重ねましょう。

1 写真の上に図形を配置する

写真の上に文字を配置❶する場合、写真の色と文字の色のコントラストなどによっては、文字が見づらくなってしまうことがあります。

画面左側のメニューから[**素材**]❷をクリックし、[**図形**]にある[**四角形**]❸をクリックします。

ページ上に四角形が配置されるので、文字の背後に四角形を移動し、サイズと色を調整します。

手順を繰り返し、もう一方の文字の背景にも四角形を配置します。

2 図形の透明度を変更する

図形を配置したため、写真の見える範囲が少なくなりました。

図形の重なっている部分の写真も見せたい場合は、図形の透明度を調整します。

図形を選択し、画面右上の[**透明度**]❶をクリックします。

> 💡 [**透明度**]は、80〜90あたりがおすすめです。

スライダー❷を調整すると、図形が透過され、写真がよく見えるようになります❸。

✏️ Check
エフェクトで背景を付ける

図形を使わなくても、文字を選択し、[**エフェクト**]>[**背景**]を選択すると、文字の背景を設定できます。

ただし、上下の余白のみサイズを変更など、細かな調整はできません。

上下左右のサイズを細かく調整したい場合は、図形を利用しましょう。

Chapter 3
Q.012 フレーム内の写真が差し替わってしまうのを防ぎたい！

フレームを使ってデザインを作成しているとき、ほかの写真を配置しようとすると、その写真がフレームの中に入ってしまいます。

A. 特定のキーを押そう！

Macの場合は ⌘ **キー**、Windowsの場合は Ctrl **キーを押しながら操作**してみましょう。

● キーを押しながらドラッグする

写真がおさまっているフレームの上を、ほかの写真❶をドラッグして通過すると、フレーム内の写真が入れ替わってしまいます❷。

Macの場合は ⌘ キー、Windowsの場合は Ctrl キーを押しながらドラッグ❸すると、写真が入れ替わりません❹。

▲写真が入れ替わってしまう。

> 線をドラッグとすると、図形にくっついてしまい思うように移動できないことがあります。そんなときも ⌘ キー、または Ctrl キーを押しながら線をドラッグすると、ほかの素材に引っかからずにスムーズに移動できます。

▲ ⌘ キー、または Ctrl キーを押しながらドラッグすると、写真が入れ替わらない。

04
フォント編

Chapter 4
Q.001 おすすめフォントを教えて!

フォントがたくさんあって
どのフォントを選んだらいいか迷っています。

A. おすすめのフォントはコレ!

Canvaで人気の
おすすめフォントを紹介します♪

1 2つのタイプの日本語フォント

日本語フォントは、大きく分けて**ゴシックフォント**と**明朝フォント**があります。

ゴシックフォントは、フェルトペンで書いたような文字で、線の太さが均一です。

明朝フォントは、筆で書いたような文字で、線の太さに強弱があります。また、文字の先端に三角形の山(ウロコ)があり、「止め」や「払い」があります。

ゴシックフォント　　明朝フォント

ゴシックフォントの持つ印象
・柔らかくフレンドリーな印象
・視認性が高く遠くからも読みやすい

明朝フォントの持つ印象
・落ち着いた信頼感のある印象
・高級感

2 おすすめ無料ゴシックフォント

Canvaでゴシックフォントを使うなら[Noto Sans JP]。スタイリッシュからオーソドックスなデザインまで幅広く使える万能フォントです。

▲[Noto Sans JP]

▲太さが[Regular]の例。フォントの太さを変更するだけでも印象は変わる。

3 おすすめ無料明朝フォント

Canvaで明朝フォントを使うなら[筑紫明朝(N仕様)]。縦横の線の比率が美しく、デザインに品格を与えてくれる明朝フォントです。

▲[筑紫明朝(N仕様)]

▲太さが一番細い[Extra light]の例。

4 インパクトがあるフォント

デザインにインパクトを出したいなら、[Kaisei Tokumin]か[チェックポイント]がおすすめです。

▲[Kaisei Tokumin]は、明朝フォントをベースにしたフォント。ウロコ部分に丸みがあり、可愛らしさも演出できる。

▲[チェックポイント]は、太めのフォントでインパクト抜群！ フォントの丸さは均一で機械的な印象。

5 手書き風フォント

手書き系のフォントでおすすめなのは[ふい字]と[たぬき油性マジック]です。

▲[ふい字]は走り書きしたような手書きフォント。

▲[たぬき油性マジック]は、名前のとおり油性マジックで書いたようなフォントです。

6 おしゃれなフォント

おしゃれに仕上げたいときにおすすめなフォントは[セザンヌ]です。

ゴシックフォントをベースに作られており、明朝フォントのウロコほどではないながらも、文字の先端が曲線的になっています。

直線的な中にも温かいイメージを感じさせるフォントです。

▲[セザンヌ]は、フレンドリーさと信頼感どちらも兼ね備えたフォントで、女性からの支持も多い。

7 和風なフォント

和風なデザインに仕上げたいときにおすすめなフォントが[桜鯰(おうねん)]フォントです。

味がある毛筆フォントでありながら手書き感もあります。

少し崩したラフさと、まるっこさが可愛さも感じさせます。

▲[桜鯰]は、毛筆フォントでありながら、少し崩したラフさを感じさせてくれます。

8 アルファベット表記には英字フォントを使いたい

英字フォントでカチッとした印象に仕上げたいなら[Times New Roman]がおすすめです。

1932年に英国タイムズ紙が新聞用書体として開発したという経緯があり、フォーマルな印象に仕上げることができます。

▲[Times New Roman]

英字フォントでフレンドリーな印象に仕上げたい場合は[Futura]がおすすめです。

ブランドロゴにも多く用いられているフォントで、円や三角、直線といった幾何学的な図形をベースに作られたフォントです。

全体的に丸みがあり、フレンドリーな印象を与えつつも、洗練されたオシャレなイメージにデザインを仕上げてくれます。

▲[Futura]

英字フォントでオシャレな筆記体風フォントを使いたいなら[ITC Edwardian Script]です。

大文字がくるんとなっているのが特徴で、デザインを華やかに仕上げてくれます。

▲[ITC Edwardian Script]

✏️ Check
パソコンにインストールされているフォントを使用する

Canva Proに登録すると、ブランドキッドから手持ちのフォントデータをアップロードして使用できます。

✏️ Check
SNSで人気のフォント

Instagram投稿で使用していて「そのフォントは何というフォントですか?」とよくご質問いただく手書き風のフォントが「花とちょうちょ」(2024年8月現在13,200円)です。

ペンで書いた手書き文字がベースのフォントで、右上がりの勢いと何より可愛らしいリアル手書き感が特徴です。

Chapter 4
Q.002 思い通りのフォントを見つけたい!

フォントを選ぼうとすると、メニューにたくさんのフォントが表示されるので、使いたいフォントをなかなか選べません。どうしたらいいですか?

A.検索機能を活用しよう!

フォントは、**フィルターを使って表示件数を絞る**ことができるほか、**キーワードを使って検索**することもできます。活用して目的のフォントを見つけましょう!

1 日本語のフォントを探す

Canvaにはたくさんのフォントが用意されているので、思いどおりのフォントを見つけるのは大変です。[**フィルター**]機能を活用すると、効率的に探すことができます。

フォント一覧画面で[**検索ボックス**]横のフィルター❶をクリックします。

[**言語**]❷を[**日本語**]にすることで、日本語対応のフォントのみを表示できます。

2 ゴシックフォントや明朝フォントを探す

ゴシックフォントや明朝フォントを探したい場合は、[**検索ボックス**]❶に探したいフォントの種類を入力してみましょう。

「ゴシック」❷と入力すると、ゴシックフォント❸のみを表示できます。

「明朝」❹と入力すると、明朝フォント❺のみを表示できます。

フォントのフィルター機能を使うと、表示されるフォント数を絞ることができるので、思い通りのフォントを見つけやすくなります。

Chapter 4
Q.003 無料フォントだけを表示したい！

無料フォントだけを使いたいのですが、
フォントを選択するときに無料フォントだけを
表示させることはできますか？

A. フィルター機能を使おう！

フィルター機能を使えば、
無料フォントだけを表示できますよ。

1 無料フォントだけを表示する

フォントには無料フォントと有料フォントがあります。無料フォントだけを利用したい場合は、[**フォントフィルター**]機能を活用しましょう。

文字❶を選択し、[**フォントボックス**]❷をクリックすると、[**フォント**]パネル❸が表示されます。

[**検索ボックス**]の[**フィルター**]❹をクリックし、[**価格**]にある[**無料**]❺にチェックを付けて[**適用**]❻をクリックすると、無料フォントだけが表示されます❼。

2 日本語の無料フォントだけを表示する

[**言語**]から[**にほんご（ひらがな）**]を❶選択し、[**適用**]❷をクリックすると、無料の日本語フォント❸だけを表示できます。

Chapter 4
Q.004 文字を見やすく配置したい！

文字のレイアウトが難しくてうまくできません。
何か良い方法はありますか？

A.おすすめのレイアウトはコレ！

文字の**おすすめのレイアウト**を紹介します！

1 行ごとに文字の大きさを変える

まず1つ目は、見出しと通常の文字の大きさを変えるレイアウトです。

目立たせたい文字を大きく、それ以外の文字を小さく配置することで、見出しの部分が強調され、格段に読みやすくなります。

定番文字レイアウト01

文字のサイズを変える
大見出し

2 文字を図形に分ける

2つ目は、文字を1つ1つ図形に入れるレイアウトです。

1つ1つの文字を図形で囲むことで文字のブロックが区別されやすくなり、閲覧者のの視線を引き付けることができます。

ここでは四角形を使っていますが、円形を使っても効果的です。

3 文字を縦書きにしてみる

3つ目は、目立たせたい文字を縦書きにするレイアウトです。

縦書きにすると、デザインにインパクトを与えることができます。

また、縦書きは和テイストに仕上げたいデザイン作成の際にもおすすめです。

Chapter 4
Q.005 文字を横書きから縦書きに変更したい!

横書きで配置した文字を
縦書きに変更したいです。
どうしたらいいですか?

A.縦書きにしよう!

文字を縦書きにする方法を紹介します。
縦書きをうまく使うと
スペースの有効活用もできますね。

● 文字を縦書きにする

文字❶を選択します。

エディターツールバー右端の[>>]❷をクリックします。

画面右側に[**テキスト**]パネルが表示されるので、[**縦文字のテキスト**]❸をクリックすると、文字が縦書きに変更されます。

文字を縦書きにする

Before

文字を縦書きにする

After

04 フォント編

✏ Check
縦書きの効果

日本の新聞は、多くの情報を効果的に配置するために縦書きを利用しています。

縦書きはスペースを最大限に活用できるため、限られた紙面に多くの情報を収めることができます。

▲横書きレイアウト

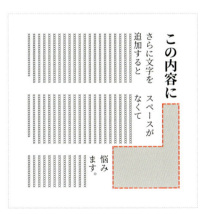

▲縦書きレイアウト

Chapter 4
Q.006 文字を傾けたい！

デザインが単調になってしまいます。
何かいいアイディアはありますか？

A. 斜めに配置しよう！

文字を斜めに配置してみましょう。
動的な要素を取り入れることで、
全体の印象を一段と引き立てる効果があります。

1 文字を斜めにする

文字を斜めにするには、次の2つの方法があります。

● **テキストボックスを回転する**
文字列全体を傾かせて配置します。

● **文字に斜体を設定する**
文字の形を傾斜した状態にします。文章内の特定の単語やフレーズを目立たせたいときに使用されます。

▲テキストボックスを回転させた例

2 テキストボックスを回転する

テキストボックスの下部にある回転ハンドル❶をドラッグすると、テキストボックスが斜めになります。

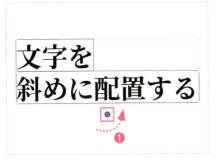

3 文字に斜体を設定する

文字を斜めにするには、斜体を設定します。

💡「斜体（Italic）」は、文字が右に傾斜した書体のことです。

斜体にしたい文字❶をクリックして選択し、ツールバーにある[**斜体**]❷をクリックすると、文字に斜体が設定されます。

💡 フォントの種類によっては、斜体を設定できないことがあるので注意が必要です。

英字フォントは斜体を使用できるものが多いので、活用してみてください。

Chapter 4
Q.007 フォントやサイズを揃えたい！

文字のフォントやサイズがバラバラなので統一したいのですが、いちいち設定するのが面倒です。いい方法はないですか？

A.スタイルをコピーしよう！

スタイルをコピーして
フォントやサイズを統一しましょう。

1 文字のスタイルをコピーする

文字のフォントやサイズがバラバラだと、仕上がりが不格好に見えてしまうこともあります。

フォントやサイズを揃えたい場合は、スタイルをコピーしましょう。一つひとつ設定する手間を省くことができるので便利です。

スタイルをコピーしたい文字❶を選択し、[…]（ミートボールメニュー）❷をクリックして、[**スタイルをコピー**]❸をクリックします。

マウスポインターの形がペイントローラーの形に変わるので、スタイルを統一したい文字❹をクリックすると、コピーしたスタイルが適用されます。

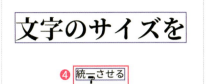

💡 文字のサイズ以外にも、フォントの種類やエフェクト、文字の色などもコピーできます。

2 コピーしたスタイルを異なるページにも適用する

コピーしたスタイルは、異なるページにも適用できます。

左ページの手順で1ページ目のタイトル❶のスタイルをコピーします。

マウスポインターの形がペイントローラーの形に変わるので、2ページ目の文字❷をクリックすると、同じフォントとサイズに変更できます❸。

Chapter 4
Q.008 飾り文字にしたい！

見出しやキャッチコピーの文字を
飾り文字にして目立たせたいです！

A.エフェクトや色を設定しよう！

飾り文字にしたい場合は、**「エフェクト」**を
使ってみましょう。また、文字の一部だけ
色を変えてみるのも目立たせるには効果的です。

---

1 文字にエフェクトを設定する

文字を選択し、エディターツールバーの**[エフェクト]**❶をクリックします。

目的のエフェクト（ここでは**[中抜き]**）❷をクリックすると、文字にエフェクトが設定されます。

ポスターやフライヤーなどで、重要なメッセージを強調したいときに文字エフェクトは効果的です。

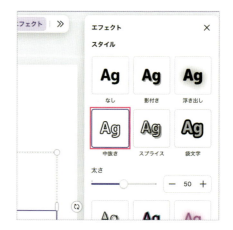

2 おすすめのエフェクト

Canvaには、かんたんに設定できるエフェクトがたくさん用意されていますが、どのエフェクトを使うべきか迷ってしまいます。Canvaで使えるおすすめのエフェクトを紹介します。

▲[袋文字]は、文字の周囲に輪郭線を追加するエフェクト。タイトルやメッセージを強調したいときに最適。

▲[影付き]は、文字の背後に影を追加することで文字が浮き上がって見える。

▲[ネオン]は、文字の周囲に光を追加して輝いているように見せるエフェクト。特別感を演出することができる。

3 目立たせたい部分のみ色を変える

重要な部分や目立たせたい部分は、文字の色を変えて強調してみましょう。

文字❶を選択し、上部の[**テキストの色**]❷をクリックします。

カラーパレットから変更したい色❸を選択すると、文字の色を変更できます。

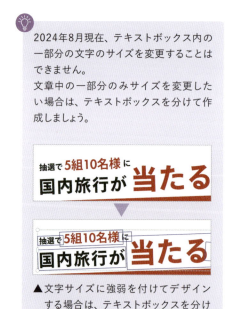

> 2024年8月現在、テキストボックス内の一部分の文字のサイズを変更することはできません。
> 文章中の一部分のみサイズを変更したい場合は、テキストボックスを分けて作成しましょう。

▲文字サイズに強弱を付けてデザインする場合は、テキストボックスを分けて作成する。

Chapter 4
Q.009 太さが異なるフォントの使い方が知りたい!

フォントの太さを選択できる場合、どのように使い分けたらいいですか?

A.強調したい部分を太くしよう!

フォントには太さを選べるものがあります。
どの太さのフォントを選択したらいいのか
迷った場合は、**強調したい部分を太く**しましょう。

● **フォントの太さを使い分ける**

見出しや強調したい部分を太めのフォント、それ以外を細いフォントで作成するとデザインにメリハリを付けることができます。

▲同じ太さのフォントで作成した例

▲強調したい部分のフォントを太字にした例

04 フォント編

Chapter 4
Q.010 文字をアーチ型に配置したい！

おしゃれなデザインでよく見かける「アーチ型の文字」の設定方法を教えてください。

A. カーブを設定しよう！

文字に**カーブを設定**してみましょう。
さらに図形と組み合わせると、目を引くデザインになります。

1 文字にカーブを設定する

文字にカーブを設定するには、文字を選択し、エディターツールバーの[**エフェクト**]をクリックします。

[**湾曲させる**]❶をクリックし、[**湾曲**]❷のスライダーを調整します。

[**湾曲**]の数値をマイナスにすると上方向に、プラスにすると下方向にカーブを描きます。

2 カーブを活用したデザイン

カーブを活用すると、デザインの幅も広がります。

▲カーブした文字をリボンの中に配置すると、立体感が増し、おしゃれな仕上がりになる。

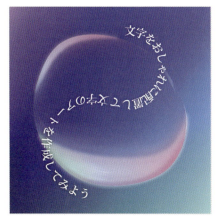

▲2つのカーブの文字を作成し、上下に組み合わせることでS字カーブを作成できる。

▲文字を円形に配置すると、ロゴ風のデザインを作成できる。

Chapter 4

Q.011 字間や行間を調整したい！

文字の間隔が詰まりすぎていたり、
逆に離れすぎていたりして、全体のバランスも
悪い気がします。どうしたらいいですか？

A.字間や行間を調整しよう！

文字間のバランスが悪いと、
全体のバランスも悪くなってしまいます。
「**文字間隔**」と「**行間隔**」を**調整**しましょう。

1 文字間を調整する

文字間を調整したい文字❶を選択し、エディターツールバーの[**スペース**]❷をクリックします。

[**文字間隔**]❸のスライダーをドラッグすると、文字の間隔を調整できます。

▲[文字間隔]が「800」の例　　▲[文字間隔]が「−200」の例

2 文字間の違いによるデザインへの影響

文字間の違いはデザインの見た目や印象に大きな影響を与えます。

適切な文字間を設定することで、デザインがより美しく、読みやすさや視認性も向上します。

● 文字間の違い

	特徴	使用例
狭い	・デザイン全体が緊張感を持ち、エネルギッシュな印象を与える。 ・情報が詰まった印象を与えることができるため、密度の高いデザインに適している。	ポスター、広告、ヘッダーやバナーなど
広い	・デザイン全体がリラックスした印象を与える。 ・読みやすさが向上し、視認性も高い。 ・高級感や上品さを演出できる。	名刺、招待状、プレゼンテーションなど

3 行間を調整する

行間を調整したい文字を選択し、エディターツールバーの[**スペース**]❶をクリックします。

[**行間隔**]❷のスライダーをドラッグすると、行の間隔を調整できます。

4 行間の違いによるデザインへの影響

行間を適切に調整することで、各行の間に十分なスペースができ、文章が読みやすくなります。行間が狭すぎると、文字が詰まって見えるため目が疲れやすくなることがあります。

行が広いと文章がゆったりと配置されて読みやすい行が広いと文章がゆったりと配置されて読みやすい行が広いと文章がゆったりと配置されて読みやすい行が広いと文章がゆったりと配置されて読みやすい行が広いと文章がゆったりと配置されて読みやすい行が広いと文章がゆったりと配置されて読みやすい行が広いと文章がゆったりと配置されて読みやすい行が広いと文章がゆったりと配置されて読みやすい行が広いと文章がゆったりと配置されて読みやすい行が広いと文章がゆったりと配置されて読みやすい行が広いと文章

行間が狭いと情報が凝縮された印象を与えます行間が狭いと情報が凝縮された印象を与えます行間が狭いと情報が凝縮された印象を与えます行間が狭いと情報が凝縮された印象を与えます行間が狭いと情報が凝縮された印象を与えます行間が狭いと情報が凝縮された印象を与えます行間が狭いと情報が凝縮された印象を与えます行間が狭いと情報が凝縮された印象を与えます行間が狭いと情報が凝縮された印象を与えます行間が狭いと情報が凝縮された印象を与えます行間が狭いと情報が凝縮された印象を与えます行間が狭いと情報が凝縮された印象を与えます行間が狭いと情報が凝縮された印象を与えます行間が狭いと情報が凝縮

●行間の違い

	特徴	使用例
狭い	・細かくて密な情報を強調することで、緊張感や集中力を高める効果がある。 ・情報量が豊富な文書に最適。	技術文書、研究レポート、新聞、報告書など
広い	・視覚的な余裕があり、情報の吸収がしやすい。 ・一目で理解しやすいため、長時間の読みものでも目が疲れにくい。	ウェブサイト本文、ポスター、フライヤーなど

05

配色編

Chapter 5
Q.001 写真で使われている色をデザインにも使いたい！

デザインと写真の雰囲気が
合っていないような気がします。
どうしたら統一感を持たせることができますか？

A. スポイトを使おう！

スポイト機能を使って、
写真内の色を抽出して使いましょう。
色に統一感があるとデザインもまとまりますよ！

1 写真から色を抽出する

色を変更したい素材❶を選択します。

エディターツールバーから[**カラー**]❷をクリックします。

[＋]（新しいカラーを追加）❸をクリックし、[**単色**]❹をクリックして、[**デザインからカラーを選択**]❺をクリックすると、マウスポインターの形がスポイトに切り替わります。

背景に設定したい色の部分❻にマウスポインターを合わせると、その色が拡大表示されます。クリックすると、選択していた素材（ここでは背景素材）にその色が設定されます❼。

2 グラデーションで使う色を抽出する

エディターツールバーから[**背景色**]をクリックし、[＋]（新しいカラーを追加）❶をクリックして[**グラデーション**]❷をクリックします。

グラデーションの開始色❸と終了色❹が表示されるので、開始色をクリックします。

[**デザインからカラーを選択**]❺をクリックし、写真上をクリックしてグラデーションの開始色を抽出します。

手順を繰り返し、グラデーションの終了色も抽出します。

背景素材に、写真から抽出した色を使ったグラデーションが設定されます。

Chapter 5
Q.002 写真とテンプレートに統一感を持たせたい!

テンプレートに写真を配置してみたのですが、なんだか色味が合いません。
色味をうまく合わせる方法はないでしょうか?

A. ページにカラーを適用しよう!

[**ページにカラーを適用**]機能を使うと、写真の色味をデザイン全体に適用できます!

1 写真から色を抽出する

お気に入りのテンプレートを見つけて「これいいな!」と思って使ってみたけれど、自分の写真に変えたらなんだか色味が合わない。そんな経験、ありませんか?

そんなときに役立つのが[**ページにカラーを適用**]機能です。写真の色味をデザイン全体に適用して調和を取ることができます。

写真❶を選択します。

[…]（ミートボールメニュー）❷をクリックし、[**ページにカラーを適用**]❸をクリックすると、写真で使われている色がデザイン全体に配色されます。

2 ほかの配色に変更する

手順を繰り返すと、異なる配色が設定されます。イメージに合う配色を見つけましょう。

Chapter 5
Q.003 違和感のない色の組み合わせが知りたい！

色の合わせ方が難しくて、なんだかダサくなります。配色のコツはありますか？

A.色にも相性がある！

色の組み合わせに迷ったら
「相性のいい色」と
「与えたいイメージ」を基準に決めましょう

1 相性のいい色を組み合わせる

色を同心円状に並べたものを「カラーホイール」といいます。カラーホイールを参考にすると、バランスの取れた色の組み合わせになります。

▲カラーホイール

● 補色
（例）青とオレンジ、赤と緑など
カラーホイール（色の円）で向かい合う位置にある色のことを補色といいます。強いコントラストを生み出し、目立つデザインを作るのに最適です。

▲補色の例

●類似色

(例)青と緑、赤とオレンジなど
カラーホイールで隣り合う位置にある色のことを**類似色**といいます。その名のとおり、色相が似ている色のため、調和がとれた穏やかな印象を与えます。

Canvaには、初心者でも使いやすいカラーパレットが用意されています。

カラーパレットを参考にしても相性の良い色を見つけることができるので、既存のカラーパレットを活用するのもおすすめです。

2 与えたいイメージを考える

次に、与えたいイメージについて考えてみましょう。

色の選び方によって、見る人に与える印象や感情が大きく変わります。

●温かみや活気のイメージ
暖色系（赤、オレンジ、黄色）は、温かみや活気のある印象を与えます。エネルギッシュでポジティブな雰囲気を作り出すのに最適です。

●落ち着きや信頼感のイメージ
寒色系（青、緑、紫）は、落ち着きや信頼感のある印象を与えます。冷静でリラックスした雰囲気を作り出すのに適しています。

●自然でリラックスしたイメージ
アースカラー（ブラウン、ベージュ、グリーン）は、自然でリラックスした印象を与えます。安らぎと安定感をもたらし、自然な雰囲気を作り出すのにおすすめです。

3 「相性のいい色」と「与えたいイメージ」を組み合わせる

色の組み合わせについて、具体的な例を紹介します。

●強くかっこいいイメージ
相性のいい色：赤×黒

赤と黒の組み合わせは強いコントラストがあるため、視覚的にインパクトを与え、目を引くデザインを作り出します。
また、力強さと洗練された印象を与える色の組み合わせのため、男性向けのデザインにぴったりです。

▲赤×黒の組み合わせ例

●清潔で安心感のあるイメージ
相性のいい色：水色×白

水色と白は、お互いに補完し合い調和のとれた色の組み合わせです。
水色は冷静さや清涼感を象徴し、白はニュートラルカラーで清潔さや純粋さを表現します。
清潔で安心感のあるイメージと衛生的で信頼できる印象を与えるため、歯科医院などのデザインに最適な色です。

▲水色×白の組み合わせ例

●優しく高級感のあるイメージ
相性のいい色：ピンク×ゴールド

ピンクとゴールドの組み合わせは、優雅な雰囲気を醸し出し、視覚的な温かみと洗練さを同時に演出します。
ピンクの柔らかさとゴールドの輝きが調和することで、華やかさと落ち着きのバランスが取れた印象を与えます。

▲ピンク×ゴールドの組み合わせ例

Chapter 5
Q.004 色のテイストを統一したい！

 Canva Pro

デザインを作るたびに色のテイストが変わってしまい、方向性が定まりません。何かいい方法はありますか？

A.ブランドキットを使おう！

色のテイストを統一したいときは、**ブランドキットのカラーパレットを活用**しましょう。

---

1 カラーパレットに色を登録する

ブランドキットを利用すると、任意の色をカラーパレットに登録できます。よく使う色を登録しておけば、すぐにその色を利用できるので便利です。

画面左側のメニューから[**ブランド**]❶をクリックし、[**カラー**]にある[**編集**]❷をクリックします。

[**+**]❸をクリックし、[**パレットを追加**]❹をクリックします。

ブランドキットは、Canva Proの機能です。

[**カスタムパレットを追加**]❺をクリックします。

[**+**]❻をクリックし、保存したい色を追加します❼。

[**保存**]❽をクリックすると、ブランドキット内のカラーパレットから使用することができます。

💡 カラーパレットに登録した色を削除するには、[**ブランド**]をクリックし、[**編集**]をクリックします。削除したいカラーパレットの[**…**]（ミートボールメニュー）をクリックし、[**パレットを削除**]をクリックします。

💡 [**カラーパレット**]右にあるペンのアイコン🖉をクリックすると、カラーパレットの名前を変更できます。

2 カラーパレットに登録した色を利用する

素材に色を設定するとき、保存したカラーパレット❶から色を設定できます。

同じ色をデザインに反映できるので、色のテイストを統一することができます。

Chapter 5

Q.005 ほかの配色も見てみたい！

作ったデザインをほかの配色でも見てみたいです。
でも色を一つひとつ変更していくのは面倒です。
効率的な方法はありませんか？

A. いくつかの方法がある！

配色を変更する場合、**カラーパレットを
切り替える**と、統一感のある色を設定できます。
最近使用した配色を利用することもできます。

1 カラーパレットを変更して配色する

Canvaには、統一感のある色が登録され
ているカラーパレットがたくさん用意され
ています。ほかの配色を設定したい場合、
カラーパレットを切り替えてみましょう。

カラーパレットを変更するには、まず画面
左側のメニューから[**デザイン**]❶をクリッ
クし、[**スタイル**]タブ❷をクリックして、[**カ
ラーパレット**]❸をクリックします。

カラーパレットの一覧が表示されるので、利用したいカラーパレットをクリックします。

💡 カラーパレットは、[**楽しい**]や[**クリエイティブ**]などのキーワードから絞り込むことができます。

カラーパレットを切り替えて配色すると、違和感のない配色になります。

2 最近使用した配色から配色する

最近作成したデザインと同じ配色を使いたい場合は、画面左側のメニューから[**デザイン**]❶をクリックし、[**スタイル**]タブ❷をクリックして、[**最近使用したスタイル**]❸をクリックします。

最近使用したスタイルが一覧表示されるので、使用したい配色❹をクリックすると、作業中のデザインに適用されます。

3 ブランドキットの配色を設定する　♛ Canva Pro

ブランドキットのカラーパレットには、シャッフル機能が備わっています。

💡 ブランドキットはCanva Proの機能です。詳細は、「5-4 色のテイストを統一したい！」を参照してください。

シャッフル機能を使うと、すぐに配色を切り替えることができます。

画面左側のメニューから[**ブランド**]❶をクリックすると、[**カラー**]❷には保存したカラーパレットが表示されます。

マウスポインターを合わせると、[**シャッフル**]❸と表示されます。

[**シャッフル**]をクリックすると、クリックするごとに配色を変更できます。

Chapter 5
Q.006 立体感を出したい!

デザインがのっぺりしていて面白みがありません。
立体感を出したいのですが
いい方法はありますか？

A. グラデーションを設定しよう！

グラデーションを加えることで
立体感や深みを出すことができます。

1 グラデーションを設定する

背景素材❶を選択し、エディターツールバーから[**背景色**]❷をクリックします。

[**文書で使用中のカラー**]にある[＋]（新しいカラーを追加）❸をクリックします。

[**グラデーション**]タブ❹をクリックします。

グラデーションの[**スタイル**]（ここでは[**円グラデーション**]）❺をクリックすると、グラデーションが設定されます。

2 図形にグラデーションを設定する

Canvaの素材の中には、無料で使用できる図形が豊富にありますが、これらの図形にもグラデーションを設定できます。デザインがのっぺりしてしまうときは、背景や図形にグラデーションを加えて立体感を出してみてください。

Chapter 5
Q.007 文字にグラデーションを付けたい！

(TypeGradient)

文字にグラデーションを付けることはできますか？

A.「TypeGradient」を使おう！

「TypeGradient」というアプリを使用すれば、文字にもグラデーションを付けることができます。

1 「TypeGradient」を起動する

2024年8月現在、Canvaには文字にグラデーションを付ける機能はありません。しかし「TypeGradient」というアプリを使うと、文字にグラデーションを付けることができます。

画面左側のメニューから[**アプリ**]❶をクリックし、[**検索ボックス**]❷に「type gradient」と入力して検索します。

検索結果から[**TypeGradient**]❸をクリックします。

アプリの詳細が表示されるので、[開く]❹をクリックすると、「TypeGradient」が起動します。

2 文字にグラデーションを設定する

[Main text]❶に文字(ここでは「HAPPY」)を入力します。

[Font]❷でフォント(ここでは[Anton])を選択します。

[Gradient]❸でグラデーションの色を調整します(次ページ参照)。

[Add to design]❹をクリックすると、文字にグラデーションが設定されます❺。

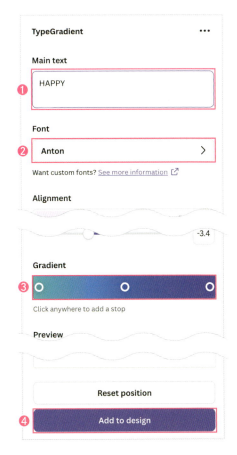

3 グラデーションの色を調整する

[Gradient]の丸の部分❶をクリックすると、色を設定できます。

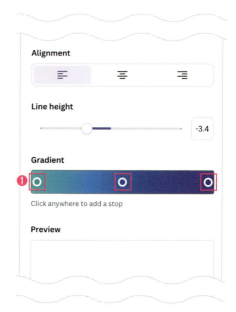

[Gradient]の丸のない部分をクリックすると、新しい色を追加できます。

4 グラデーションの角度を調整する

[Preview]内の丸❶を選択してドラッグすると、グラデーションの角度を調整できます。

TypeGradientで使用できるフォントは、英語フォントが多いのですが、一部の日本語のフォントにも対応しています。
対応している主な日本語フォントは次のとおりです。
①Sawarabi Mincho
②Noto Serif TC
③Noto Sans HK
④Noto Serif KR
⑤Mochiy Pop One
⑥Dela Gothic One
⑦Noto Sans JP

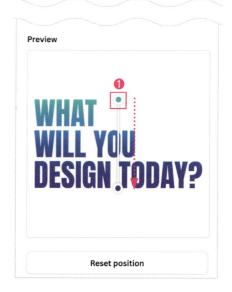

ビジネス編

Chapter 6
q.001 レイアウトが決まらない!

プレゼン資料の作成に時間がかかってしまいます。
時短になる方法はありますか?

A.レイアウトを提案してもらおう!

 Canvaには、**レイアウトを提案してくれる機能**が備わっています。この機能を使えば、プレゼン資料の作成が格段に楽になりますよ。

1 レイアウトの提案機能を活用する

プレゼン資料の編集画面を開き、画面左側のメニューから[**デザイン**]❶をクリックします。

[**レイアウト**]タブ❷をクリックし、任意のレイアウト❸を選択します。

文字だけのレイアウトだけでなく、写真フレームが入ったレイアウトも選択可能です。

ページにレイアウトが適用され、[**レイアウト**]タブには類似するレイアウト案❹が表示されるので、レイアウトを選択し直すことができます。

2 既存のページのレイアウトを変更する

すでにデザインされているページの場合も、画面左側のメニューから[**デザイン**]❶をクリックし、[**レイアウト**]タブ❷をクリックすると、レイアウト案が表示されます。

レイアウト案をクリックすると、レイアウトを変更できます。

Chapter 6
Q.002 センスのいい色やフォントに変更したい!

色やフォントを変えたいのですが、どのような組み合わせにすればいいのかわかりません。

A.スタイルを設定しよう!

Canvaには、色とフォントを組み合わせた**スタイル**が用意されています。色やフォントで悩む時間をカットできるので利用しましょう。

1 ページにスタイルを設定する

プレゼン資料の編集画面を開き、画面左側のメニューから[**デザイン**]❶をクリックして、[**スタイル**]タブ❷をクリックします。

[**組み合わせ**]の[**すべて表示**]❸をクリックします。

任意のスタイル❹をクリックします。

> 「**スタイル**」とは、色やフォントなど、複数の書式を組み合わせたもののことです。

ページにスタイルが設定されます。

2 スタイルを変更する

スタイルを設定後、同じスタイル❶をクリックすると、クリックするごとに配色が異なるデザインに変更されます。

Chapter 6
Q.003 文章が思いつかない！

👑 Canva Pro

プレゼン資料内で使用する文章が
思いつきません。
Canvaでなんとかなりませんか？

A.「マジック作文」を使おう！

CanvaのAI機能「**マジック作文**」は、
書いてほしい内容を指示すると、
文章を作成してくれます！

---

1 AIを使って文章を作成する

画面左側にある[**Canvaアシスタント**]❶
をクリックし、[**マジック作文**]❷をクリック
します。

💡 「**Canvaアシスタント**」は、Canvaのアシ
スタント機能で、Canvaの機能を検索で
きます。「**クイックアクション**」ともいいま
す。

💡 マジック作文が見つからない場合は、[**検
索ボックス**]に「マジック作文」と入力して
検索します。

💡 マジック作文は、Canva Proの機能です。

考えてほしい内容❸を入力し、[生成]❹をクリックすると、文章が生成されます❺。

[挿入]❻をクリックすると、ページ内に生成された文章が挿入されます。

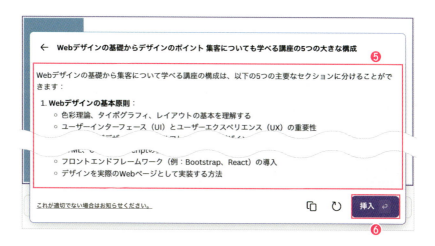

2 AIを使って文章の続きを作成する

文章が入力されているテキストボックス❶を選択し、エディターツールバーから[マジック作文]>[続きを自動で作文]❷をクリックすると、続きの文章が作成されます。

> 💡 マジック作文では、選択した文章の短縮や文調の変更、校正などもできます。

Chapter 6
Q.004 文字をまとめて変更したい!

プレゼン資料中のワードを修正しなくては
ならないのですが、たくさん出てくるので、
一つひとつ直すのが面倒です。いい方法はありませんか？

A.置き換え機能を使おう!

置き換え機能を使いましょう！
指定したワードを検索して、
別のワードに置き換えることができます。

● 文字を検索して置き換える

画面の上部の[**ファイル**]❶をクリックし、[**テキストを検索して置き換える**]❷をクリックします。

> テキストを検索して置き換える
> ショートカットキー
> Mac：⌘ + F
> Win ：ctrl + F

［探す］❸に変更前の文字を入力し、［**以下のテキストに置き換える**］❹に変更後の文字を入力して、［**すべて置き換える**］❺をクリックすると、すべてのページの対象の文字が置き換わります。

💡 ［**置き換える**］をクリックすると、編集しているページの文字だけが置き換わります。

▲すべてのページの「変更前の文字」が「変更後の文字」に置き換わった。

✏ Check
大文字と小文字を区別する

アルファベットを置き換えるとき、［**大文字と小文字を区別する**］❶にチェックを入れると、大文字と小文字を区別して置き換えることができます。

Chapter 6
Q.005 ページのサムネイルを表示して全体を見たい!

パワーポイントを操作したことがあるのですが、パワーポイントのようにページのサムネイルを表示して全体を見ることはできますか?

A. サムネイルを表示しよう!

もちろん!
Canvaは、**サムネイル表示**に切り替えて編集することもできます。

● サムネイル表示に切り替える

通常、Canvaの画面はスクロールビューと呼ばれ、上下にスクロールしてページを切り替えることができます。

画面右下の[**サムネイルの表示**]❶をクリックすると、サムネイル表示に切り替わるので、プレゼン資料の全体像を把握できます。

サムネイル表示では、サムネイルをクリックしてページを切り替えることができます。

用途や気分に合わせて画面の表示を切り替えてください。

> スクロールビューに戻るには、画面右下の[**スクロールビュー**]❶をクリックします。
>
>

Chapter 6
Q.006 ページの順番を入れ替えたい！

ページの順番を入れ替えたいのですが、どうやったらいいですか？

A.グリッドビューを使おう！

グリッドビューを使ってみましょう！
ページのサムネイルをドラッグして
順番を入れ替えることができます。

1 グリッドビューに切り替える

画面右下の[**グリッドビュー**]❶をクリックします。

ページを一覧表示することができました。

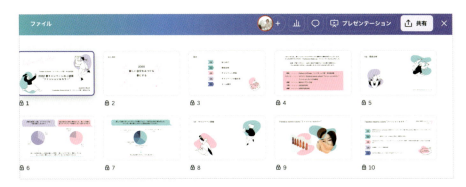

> もとの表示に戻るには、再度[**グリッドビュー**]をクリックします。

2 ページの順番を入れ替える

ページをドラッグ❶すると、ページの順番を入れ替えることができます。

✏️ Check
ページを追加・コピー・削除する

ページにマウスポインターを合わせると表示される[**…**](ミートボールメニュー)❶をクリックすると、ページの追加やコピー、削除などができます。

Chapter 6
Q.007 すべてのページ色をまとめて変更したい!

プレゼン資料の色が気になります。
すべてのページの色を変更したくなりました。
一括して変えることはできますか?

A.色を一括して変更しよう!

Canvaには、**色をまとめて変更**できる便利な機能があります。

1 背景の色をまとめて変更する

背景❶を選択し、エディターツールバーの
[**背景色**]❷をクリックします。

色❸をクリックすると表示されているページの色が変更されます。

[**すべて変更**]❹をクリックすると、すべてのページの色が変更されます。

2 文字の色をまとめて変更する

テキストボックス❶を選択し、画面上部のメニューから[**テキストの色**]❷をクリックします。

文字の色❸を選択し、[**すべて変更**]❹をクリックすると、選択したテキストボックの文字と同じ色の文字がまとめて変更されます。

Chapter 6
Q.008 統一感のある写真を使いたい！

プレゼン資料を通して
統一感のある写真素材を使いたいのですが、
素材を探すのが大変です。

A.「AI画像生成」を使おう！

Canvaの**画像生成AI**機能がとても役立ちます。
作りたいイメージを文章で入力すると、
画像を生成することができます。

1 AIを使って1枚目の画像を作成する

まずは1枚目の画像を作成します。

画面左側のメニューから[**素材**]をクリックし、[**AI画像生成機能**]にある[**独自のものを生成する**]をクリックします。

[**生成するものを説明**]❶に画像のイメージ（ここでは「男性のグレーのスーツ姿」）を入力し、[**スタイル**]で[**写真**]❷を選択して、[**縦横比**]では[**正方形**]❸を選択し、[**画像を生成**]❹をクリックします。

> AIを使った画像の生成に関する詳細は、「2-20 イメージ通りの写真がない！」を参照してください。

画像が作成されるので、イメージに合うものをクリックすると、ページに配置されます。

続けて2枚目の画像を作成します。

2 2枚目の画像を作成する

1枚目の画像を作成後、4つの画像の下に表示さる入力欄①に、作成したい画像のイメージを入力します。ここでは、「男性のグレーのスーツの後ろ姿」と入力しました。

[**スタイル**]では、1枚目と同じ[**写真**]②を選択します。

[**再生成**]③をクリックすると、1枚目と統一感のある画像が作成されます。

> 統一感のある画像を作成するには、次の2点に注意して作業してください。
> ・スタイルを同じにする
> ・[**再生成する**]を使い、1枚目に続けて作成する

> Canvaでは、写真素材だけでなくグラフィック素材を作成することもできます。グラフィック素材は背景が透過された素材なので、デザイン中にポイントとして使用するのに便利です。
> AIを使ってグラフィック素材を作成するには、左ページの画像で[**グラフィック**]タブをクリックして手順を進めます。

Chapter 6
Q.009 以前作成したプレゼン資料を流用したい!

以前作成したプレゼン資料をベースに
新しい資料を作成したいです。
可能でしょうか？

A. デザインをコピーしよう！

もちろんできます！
[コピーを作成] 機能を活用しましょう。

1 ホーム画面でデザインをコピーする

ホーム画面の **[最近のデザイン]** ❶には、最近作成したコンテンツが表示されます。コピーしたいプレゼン資料にマウスポインターを合わせると表示される **[…]**(ミートボールメニュー)❷をクリックし、**[コピーを作成]** ❸をクリックします。

プレゼン資料がコピーされるので、もとの資料を残したまま、デザインを流用できます。

2 編集画面でデザインをコピーする

編集画面でデザインをコピーするには、[ファイル]❶>[コピーを作成]❷をクリックします。

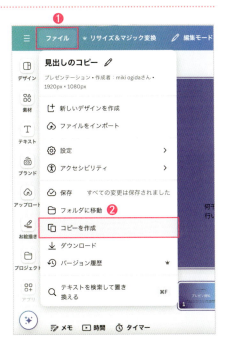

> コピーしたプレゼン資料のファイル名は「(元のファイル名)のコピー」と表記されます。内容に合わせてわかりやすい名前に変更してください。

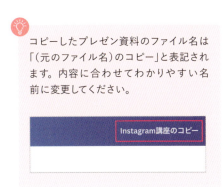

Chapter 6
Q.010 グラフを配置したい！

プレゼン資料にグラフを入れたいです。
表作成ソフトなどで作る必要がありますか？

A.グラフを作成しよう！

Canvaでは**グラフを作成**できます！
プレゼン資料などにグラフを配置すると、データを視覚的にわかりやすく伝えることができますね。

1 グラフを作成する

画面左側のメニューから[**素材**]❶をクリックし、下へスクロールすると[**グラフ**]が表示されます。[**すべて表示**]❷をクリックします。

グラフの一覧が表示されるので、目的のグラフ（ここでは[**円グラフ**]）❸をクリックします。

グラフが配置されます。画面右側に[**データ**]パネル❹が表示されるので、データを編集するとグラフに反映されます。

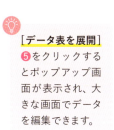

[**データ表を展開**]
❺をクリックするとポップアップ画面が表示され、大きな画面でデータを編集できます。

2 主なグラフ

Canvaでは、9カテゴリ27種類のグラフやチャートを作成できます（2024年8月現在）。用途に合わせて活用してみてください。

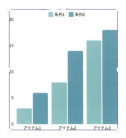

▲棒グラフ
データの比較の表現に適している。

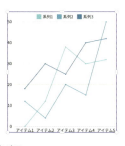

▲折れ線グラフ
データの推移の表現に適している。

▲動的な棒グラフ
データの動きが動画として表示される。

▲インフォグラフィックのグラフ
データを図形を使って表現する。

Chapter 6
Q.011 プレゼンしたい！

Canvaでプレゼン資料を作って、そのままCanvaでプレゼンできたら便利だと思います。できますか？

A.発表者モードを使おう！

Canvaには**プレゼン機能**が備わっています。
作成した資料を使って
そのままプレゼンすることができます。

1 発表者モードに切り替える

画面右上の[**プレゼンテーション**]❶をクリックし、[**発表者モード**]❷をクリックして、[**プレゼンテーション**]❸をクリックします。

Canvaでは、次のプレゼン方法を選択できます。

❶全画面表示
　パソコンの画面いっぱいにプレゼン資料を表示します。
❷発表者モード
　発表者と閲覧者で異なる画面を表示します。
❸プレゼンと録画
　プレゼン内容を録画します。
❹自動再生
　録画したプレゼンを再生します。

[参加者ウィンドウ]❹と[プレゼンテーションウィンドウ]❺という2つの画面が表示されます。

・参加者ウィンドウ
プレゼンの参加者が閲覧する画面です。

・プレゼンテーションウィンドウ
プレゼンの発表者の画面です。参加者には表示されません。

[参加者ウィンドウ]を参加者が見る画面に配置し、[全画面表示モードにする]❻をクリックします。

2 発表を開始する

[プレゼンテーションウィンドウ]の[OK]❼をクリックして発表を開始します。

▲プレゼンテーションウィンドウ

▲参加者ウィンドウ

発表者モードは、このように発表者の画面と参加者の画面を分けて表示できるので便利です。

用意周到に越したことはなく、より安心してプレゼンに臨むことができると思いますので、Canvaで作成した資料をプレゼンで使用する際は、ぜひこちらの機能を活用してみてください。

Chapter 6
Q.012 要素を順番に表示したい！

発表するとき、文字や写真が
同時に表示されるのではなく、1つずつ順番に
表示されるようにしたいです。できますか？

A. 表示順を設定しよう！

はい、できます！
Canvaでは、**アニメーション設定**で
要素が表示される順番を設定できます。

● 順番に表示されるアニメーションを設定する

アニメーションを設定したい要素❶を選択し、上部に表示される[**アニメート**]❷をクリックします。

[**アニメート**]パネルの[**クリックすると表示**]❸をオンにします。

[**順序をクリック**]❹をクリックし、要素❺をドラッグして表示する順に並べ替えます。

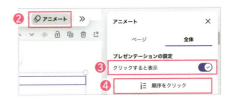

プレゼンテーションを実行すると、画面をクリックするごとに要素が表示されます。

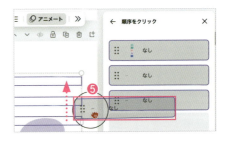

順番に表示されるアニメーションを解除するには、[**クリックすると表示**]❸をオフにします。

Chapter 6
Q.013 発表内容をメモしておきたい！

プレゼンのとき、発表内容や補足説明をパソコンの画面で確認できたらいいなと思っています。そんなこと、できますか？

A. メモ機能を使おう！

できますよ♪
メモ機能を活用しましょう。

● メモを入力する

ページの編集画面左下の**[メモ]**❶をクリックすると、メモの入力欄❷が表示されます。

発表内容や補足内容を入力します。

💡 メモの内容は発表者モードの発表者の画面にのみ表示されます。閲覧者用の画面には表示されません。
発表者モードについては、「6-11 プレゼンしたい！」を参照してください。

Chapter 6
Q.014 プレゼンでスムーズに前後のページを表示したい!

プレゼン中にページ送りが
うまくいかないときがあります。
解決方法はありますか?

A.リモートコントロールを使おう!

[リモートコントロール]機能を
活用しましょう

1 別のデバイスからアクセスする

プレゼンの発表中、次のページを表示するためにパソコンを近くに置いておいたり、誰かに操作を頼んだりしていませんか?

Canvaのリモートコントロール機能を使えば、スマートフォンや別のデバイスからページ送りを操作できます。

発表者モード(「6-11 プレゼンしたい!」参照)でプレゼンテーションを開始します。

プレゼンテーションウィンドウの[リモート操作で共有する]❶をクリックします。

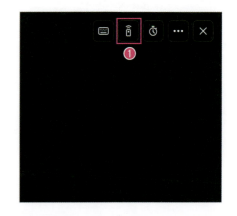

QRコードとリンクが生成されるので、どちらかの方法で別デバイスからアクセスしましょう。

> リモートコントロールを停止するには、[コントロールを一時停止する]をクリックします。
> 一時停止すると[再開]が表示されるので、クリックするとリモートコントロールを再開できます。

2 別のデバイスから次のページを表示する

QRコード、またはリンクを使ってアクセスすると、画面内に矢印キーが表示されます。

矢印キーをクリック（スマートフォンの場合はタップ）すると、ページを切り替えることができます。

PCの画面

スマートフォンの画面

Chapter 6
Q.015 プレゼンで複数のページをスキップしたい！

プレゼン中に最後のページに進みたいとか、前のページを見せたいといったとき、特定のページに移動できますか？

A. ページ番号を指定しよう！

はい！
そんなときは**ページ番号を直接指定**することができます。

● 表示するページを指定する

発表者モード（「6-11 プレゼンしたい！」参照）でプレゼンテーションを開始します。

プレゼンテーションウィンドウ下部のページ数❶をクリックすると、数字を入力できる状態❷になります。

移動先のページ番号❸を入力し、Enter キーを押すと、該当のページが表示されます。

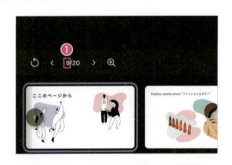

Chapter 6
Q.016 プレゼンを リアクションで盛り上げたい!

プレゼン中にメリハリをつけたいです。
何かいいアイディアはありますか？

A.リアクション機能を使おう!

そんなときは**リアクション**機能を
活用しましょう。

● リアクションを送る

発表者モード（「6-11 プレゼンしたい！」参照）でプレゼンテーションを開始します。

プレゼンテーションウィンドウ上部の**[マジックショートカット]**❶をクリックし、リアクション
❷を選択すると、リアクションが送信されます。

▲**[紙吹雪]**を送った例

Chapter 6
Q.017 プレゼンをしながらコメントを受け付けたい!

プレゼンをしながら参加者からの質問や
コメントに応えることができると
便利なのですが。

A.Canvaライブを使おう!

<u>Canvaライブ</u>を利用すると、
参加者とチャットすることができます。

1 ライブセッションを開始する

発表者モード(「6-11 プレゼンしたい!」参照)でプレゼンテーションを開始します。

プレゼンテーションウィンドウの右上に表示されている[**Canvaライブ**]タブ❶をクリックし、[**新しいセッションを開始**]❷をクリックします。

[**参加方法をコピー**]❸をクリックすると、Canvaライブに参加するためのURLとコードがコピーされます。

メールなどを使い、URLとコードを参加者に通知します。

参加者は、URLをクリックしてCanvaライブにアクセスし、コードを入力して参加します。

💡 ライブセッションを終了するには、[**セッションを終了する**]❹をクリックします。

2 ライブセッションに参加する

参加者は、コメント入力欄❶にコメントと名前（任意）を入力し、[**送信**]❷をクリックすると発表者に送信されます。

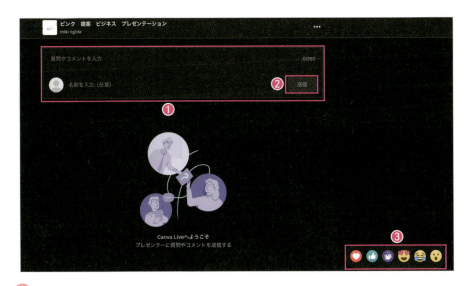

💡 右下のリアクションボタン❸をクリックすると、リアルタイムでリアクションを送ることができます。

Chapter 6
Q.018 プレゼンを録画したい！

プレゼンの様子をあとから見直したいので、録画できるといいのですが、できますか？

A.録画機能を使おう！

はい。
Canvaでは、**プレゼンを録画**することができます。

---

1 プレゼンを録画する

画面右上の[**共有**]❶>[**プレゼンと録画**]❷をクリックします。

[**レコーディングスタジオへ移動**]❸をクリックします。

カメラの使用許可を要求されるので、[**許可する**]❹をクリックします。

> [**ブロック**]❺をクリックすると、録画できません。

使用するカメラとマイクを選択し、[**録画を開始**]❻をクリックすると、3秒のカウントダウンののち、録画がはじまります。

> [**カメラなし**]を選択すると、カメラをオフにできます。

2 録画を終了する

画面上部の[**録画を終了**]❶をクリックすると、録画が終了します。

[**保存して終了**]❷をクリックすると、動画がCanvaに保存されます。

[**ダウンロード**]❸をクリックすると、動画をダウンロードできます。

[**コピー**]❹をクリックすると、動画へのURLをコピーできます。URLをメールなどで通知すると、ほかのユーザーと共有できます。

> [**一時停止**]❺をクリックすると、録画が一時停止します。[**再開**]をクリックすると録画が再開されます。

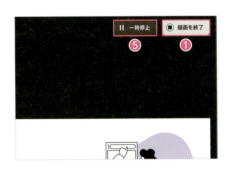

Chapter 6
Q.019 プレゼンに字幕を付けたい!

録画したプレゼンに
字幕を付けることはできますか?

A.字幕機能を使おう!

字幕機能を使用すると、
録画したプレゼンに
字幕を付けることができます。

● 字幕を設定する

プレゼンを録画した動画をアップロードします。

[**ファイル**]❶>[**設定**]❷>[**メディアにキャプションを表示**]❸をクリックすると、動画に字幕が表示されます。

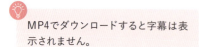
MP4でダウンロードすると字幕は表示されません。

動画を再生すると、字幕❹が表示されます。

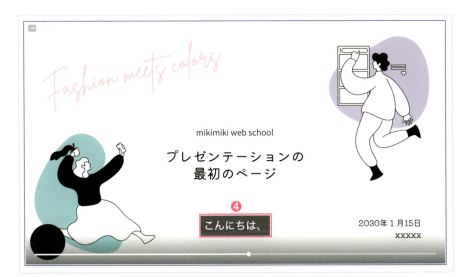

💡 字幕は、音声を自動的に認識して表示されます。編集はできないので注意が必要です。

💡 発表者モードでは、参加者側の画面に字幕が表示されます。

Chapter 6
Q.020 プレゼン資料を英語に翻訳したい！

文章を英語に翻訳したいのですが、おすすめの翻訳サービスなどはありますか？

A. 翻訳機能を使おう！

外部の翻訳サービスを頼る必要ありません！Canvaには[**翻訳**]機能が備わっています。編集画面から翻訳できるので便利ですよ。

● ページ内のテキストを翻訳する

テキストボックス❶を選択し、[…]（ミートボールメニュー）❷をクリックして、[**テキストを翻訳**]❸をクリックします。

[AI自動翻訳]タブ❹をクリックします。

[次の言語に翻訳]から翻訳する言語(ここでは[英語])❺を選択します。

> AI自動翻訳は、英語やフランス語など、134言語に対応しています。

[文章のトーン]から語調(ここでは[オリジナル])❻を選択します。

画面を下方向にスクロールし、[現在のページからテキストを選択]❼を選択すると、ページ内のテキストが認識されます。

翻訳したいテキスト❽を選択します。

> [ページを翻訳する]を選択すると、ページ全体のテキストがまとめて翻訳されます。

[AI自動翻訳]❾をクリックすると、元の日本語のページは残したまま、翻訳された新しいページ(ここでは英語のページ)❿が作成されます。

> AI自動翻訳は、無料版は月50ページまで、Canva Proは月500ページまで使用可能です。

Chapter 6
Q.021 パワーポイントのファイルをCanvaで編集したい！

パワーポイントで作られたプレゼン資料をCanvaで編集することってできますか？

A. pptxをアップロードしよう！

はい。
Canvaは**パワーポイントのファイルを編集**することもできるんです！

1 パワーポイントのファイルをアップロードする

ホーム画面から[**アップロード**]❶をクリックします。

[**ファイルを選択**]❷をクリックするとファイルを選択する画面が表示されます。

パワーポイントのファイルを選択し、[**開く**]をクリックすると、パワーポイントのファイルがアップロードされます。

💡 デザイン編集画面から[**ファイル**] > [**ファイルをインポート**]をクリックしてもパワーポイントのファイルをアップロードできます。

2 パワーポイントのファイルを編集する

アップロードされたファイルは、プロジェクト内に保存されます。

画面左側のメニューから[**プロジェクト**]❶をクリックし、パワーポイントのファイル❷をクリックすると、Canva上で編集できます。

Chapter 6
Q.022 Canvaで作った資料をパワーポイントで編集したい！

担当者からパワーポイントで編集したい、と言われてしまいました。どうしたらいいですか。

A. pptxをダウンロードしよう！

Canvaで作成したプレゼン資料をパワーポイントの**ファイル（pptx）形式で****ダウンロード**すれば、パワーポイントで編集できます。

● **パワーポイントのファイルとしてダウンロードする**

Canvaで作成したプレゼン資料をパワーポイントのファイルとしてダウンロードするには、[**共有**] ❶ > [**ダウンロード**] ❷ をクリックし、[**ファイルの種類**] から [**pptx**] ❸ を選択して、[**ダウンロード**] ❹ をクリックします。

Chapter 6 Q.023 配布資料が閲覧されている数を知りたい！

Canva Pro

配布資料の数字を
トラッキングしたいのですが、
できますか？

A.インサイトを確認しよう！

[インサイト]機能を利用すると、Canvaで作成した資料を配布したときに、どれぐらいのユーザーに見られているのかを分析できます。

● インサイトを確認する

画面上部の[インサイト]❶をクリックすると、次のデータを確認できます。

・[閲覧数]
デザインが作成されてからこれまでに表示された[合計表示回数]と[閲覧者]の数

・[エンゲージメント]
平均表示時間やクリック数など。

・[固有リンク]
「6-24 閲覧者の流入経路を知りたい！」参照。

・[SNS]
各SNSでの閲覧数など。

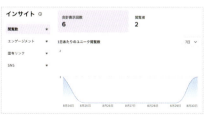

[インサイト]機能は、Canva Proの機能です。

Chapter 6
Q.024 閲覧者の流入経路を知りたい！

 Canva Pro

資料をインターネットで公開しているのですが、ユーザーがどうやってアクセスしてきたのかを知りたいです。

A.固有リンクを発行しよう！

固有リンクを発行すると、Instagramやブログなど、ユーザーがどこからアクセスしてきたのかを調べることができます。

● 固有リンクを発行する

画面上部の**[インサイト]**をクリックし、**[固有リンク]**❶をクリックします。

[リンクを作成]❷をクリックすると、固有リンクが作成され、閲覧数と平均表示時間を確認できます。

💡 **[固有リンク]**の作成は、Canva Proの機能です。

💡 作成した固有リンクの右端にある**[…]**（ミートボールメニュー）❸からは、名前の変更や削除ができます。なお、一度削除すると同じリンクは作成できません。

Chapter 6
Q.025 データを復元したい!

 Canva Pro

データを間違えて
上書き保存してしまいました。
復元する方法はありますか?

A. バージョン履歴を確認しよう!

あります!
バージョン履歴を活用することで
復元が可能です。

● バージョン履歴を活用してデータを復元する

以前のファイルを開くには、[**ファイル**]❶>[**バージョン履歴**]❷をクリックし、開きたいバージョン❸をクリックして選択し、画面右上の[**このバージョンを復元する**]❹をクリックします。

[**バージョン履歴**]機能は、Canva Proの機能です。

以前のバージョンは、最大15件まで復元できます。

Chapter 6
Q.026 オンラインミーティングで画面を広く使いたい！

オンラインミーティングでは、コメントや付箋、素材などを置く場所がなくて困ってしまいます。いい方法はありませんか？

A.ホワイトボードを使おう！

ホワイトボードの上にページを広げると、ページ以外の部分にコメントや付箋を配置できるので便利です。

1 ページをホワイトボードに展開する

オンラインミーティングでページをそのまま表示すると、コメントや素材などを配置する場所がなくて困ってしまうことがあります。

ホワイトボードにページを展開すると、コメントなどを配置できるので便利です。

ページを右クリックし、[**ホワイトボードに展開する**]❶をクリックします。

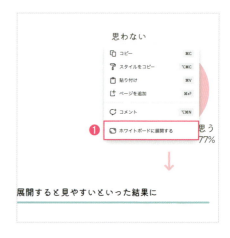

ホワイトボードの利用を終了するには、ホワイトボード上を右クリックし、[**ホワイトボードを折りたたむ**]をクリックします。

ページがホワイトボード上に表示されます❷。

2 コメントや付箋を追加する

ホワイトボードにコメントを追加するには、素材を選択すると上部に表示されるメニューから[**コメント**]❶をクリックします。

コメント入力欄が表示されるので、コメントを入力します。

> コメントについては「6-27 コメントを追加したい！」でも解説しているので参照してください。

また、付箋を追加するには、画面左側のメニューから[**素材**]❷をクリックし、追加したい付箋をクリックします。

付箋にはユーザー名が表示されるので、どのユーザーの付箋かを区別できます。

Chapter 6
q.027 コメントを追加したい！

後輩からCanvaの資料が送られてきたのですが、
パワーポイントしか使ったことがないので
どんな風にコメント入れをするかわかりません！

A.コメントを追加しよう！

Canvaでは**コメントを追加**できます。
ただ、共有権限によってメニューの見え方が
変わってくるので少し注意してください。

● 「編集可能」で共有されている場合にコメントを追加する

コメントを追加したい素材を右クリックし、[**コメント**]❶をクリックします。

コメント入力欄❷が表示されるので、コメントを入力します。

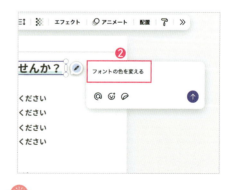

コメントを追加したい位置をダブルクリックしてコメントを追加することもできます。

コメント入力欄の下部にある[@]❸をクリックすると、共有ユーザーの一覧❹が表示されるので、コメントの相手を指定できます。

> 「コメント可」で共有されている場合にコメントを追加するには、素材を右クリックし、[コメント]❶をクリックします。「編集可能」で共有されている場合（左ページ）と異なり、[コメント]以外の項目は表示されません。
> コメント方法は、「編集可能」で共有されている場合と同様です。

絵文字アイコン😊❺をクリックすると、コメントに絵文字❻を入力できます。

ステッカーアイコン❼をクリックすると、コメントにステッカー❽を入力できます。

✏️ Check
コメントを解決する

コメントを選択し、[解決]❶をクリックするとコメントが非表示になります。

[…]❷>[削除]をクリックすると、コメントを削除できます。

Chapter 6
Q.028 資料がどこにあるか わからなくなってしまった！

作成したデザインが大量に増えて、
どこにあるのかわからなくなってしまいました。

A.ファイルを検索しよう！

検索機能を活用しましょう。
ファイル名の一部からでも
検索できますよ。

1 ファイル名の一部で検索する

ホーム画面上部の[**検索ボックス**]❶に資料のファイル名の一部
（ここでは「ビジネス」）を入力し、[**すべてのコンテンツ**]❷をクリックすると、該当するすべてのデザインが表示されます。

2 検索結果を並べ替える

デフォルトでは[最も関連性が高い]で並んでいますが、[編集日が古い順]❶に変更すると、検索結果が並び替わります。

検索結果の並べ替え方法は、次の5種類から選択できます。
- 最も関連性の高い
- 編集日が新しい順
- 編集日が古い順
- アルファベット順(A-Z)
- アルファベット順(Z-A)

表示方法は、[リストで表示]と[グリッドで表示]❷の2種類から選択できます。

▲リストで表示

Chapter 6
Q.029 プレゼン資料やYouTubeの動画を挿入したい!

参考資料としてほかのプレゼン資料やYouTubeの動画をページに配置したいです。どうやったらいいですか？

A.埋め込み機能を使おう!

埋め込み機能を利用すると、作成したほかのプレゼン資料やYouTubeの動画、Instagramの投稿などを配置できますよ！

1 プレゼン資料をほかのプレゼン資料に埋め込む

作成したプレゼン資料を、参考資料としてほかのプレゼン資料に埋め込むこともできます。

[共有]❶＞[公開閲覧リンク]❷＞[公開閲覧リンクを作成]❸をクリックすると、URLが作成されるので、[コピー]❹をクリックします。

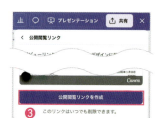

ほかのプレゼン資料のページにURLを貼り付けると、プレゼン資料❺が挿入されます。

2 YouTubeの動画を埋め込む

画面左側のメニューから[**アプリ**]❶をクリックし、
「YouTube」を検索します。

検索結果から[**YouTube**]❷をクリックし、[**検索ボックス**]❸に動画のキーワード（ここでは「Canva 使い方」）を入力します。

検索結果から目的の動画❹をクリックすると、ページに挿入できます。

Chapter 6
Q.030 プレゼン資料を共有したい！

プレゼン資料を
ほかのユーザーと共有したいです。

A.共有方法を選択しよう！

リンクで共有する方法、
または**Webサイトで共有**する方法が
おすすめです。

1 2種類の共有方法

Canvaでファイルを共有する方法は、いくつかありますが、おすすめは「リンクで共有する方法」と「Webサイトで共有する方法」です。

リンクで共有	プレゼン資料が保存されているサーバーへのURLを共有することで、複数のユーザーがプレゼン資料を利用する方法です。
Webサイトで共有	プレゼン資料をインターネットで公開し、ユーザー間でURLを共有することで、複数のユーザーがプレゼン資料を利用する方法です。

2 リンクで共有する

リンクで共有するには、[**共有**]❶をクリックします。

[**コラボレーションリンク**]で[**リンクを知っている全員**]❷と[**表示可**]❸を選択します。

💡 ここでの設定は、ほかのユーザーはプレゼン資料を閲覧できますが、コメントの追加やページの編集はできません。
コメントの追加を可能にするに場合は、[**コラボレーションリンク**]の[**表示可**]の部分で[**コメント可**]を選択します。
ページの編集も可能にする場合は、[**編集可**]を選択します。

[**リンクをコピー**]❹をクリックすると、プレゼン資料が保存されているサーバーのURLがコピーされます。

コピーしたURLをほかのユーザーに通知します。

通知を受信したユーザーは、URLをクリックすると、プレゼン資料にアクセスできます。

✏️ Check
公開閲覧リンクで公開する

より多くの人にデザインを共有したいときは、[**公開閲覧リンク**]❶をクリックしましょう。
URLを発行することで、Webブラウザー上でデータを共有することができます。

3 Webサイトで共有する

Webサイトで共有するには、[**共有**] > [**もっと見る**]❶をクリックし、[**Webサイト**]❷をクリックします。

Webサイトの URL❸を入力し、[**Webサイトを公開**]❹をクリックすると、Webサイトが公開されます。

[**コピー**]❺をクリックすると、WebサイトのURLがコピーされます。

コピーしたURLをほかのユーザーに通知します。

通知を受信したユーザーは、URLをクリックすると、プレゼン資料を閲覧できます。

> 公開したWebサイトは、共有の必要がなくなったタイミングで必ず非公開に変更しましょう。
> 非公開にするには、[**共有**]をクリックして公開中のWebサイトをクリックし、[**公開設定**]をクリックします。[**Webサイトを非表示にする**]❶をクリックします。

07

印刷編

Chapter 7
Q.001 印刷したい！

Canvaで作ったデザインを印刷するには
どうしたらいいですか？

A.印刷方法を選択しよう！

3通りの**印刷方法**があり、
それぞれメリットとデメリットがあります。
用途に応じて選んでください！

1 Canvaで選択できる印刷方法

Canvaで作ったデザインを印刷するには次の3つの方法があります。それぞれにメリット・デメリットがあります。

	自宅で印刷	印刷会社で印刷	Canvaで印刷
概要	自宅のプリンターで印刷	印刷会社に印刷を注文	Canvaを介して印刷会社に印刷を注文
メリット	・コストが安い	・印刷のクオリティが高い	・印刷のクオリティが高い ・印刷データへの変換が必要ない（デザインを作成してそのまま印刷が可能）
デメリット	・印刷会社のプリンターに比べ、家庭用プリンターはクオリティが劣る	・Canvaで作成したデータを印刷データに変換する必要がある（ハードルが高い）	・印刷会社で印刷と比べて少し割高

2 Canvaで印刷する

ここでは、Canvaからインターネットを介して印刷を注文する方法について解説します。業務用プリンターでの印刷なのでクオリティが高く、印刷データへの変換も必要ないため、専門知識がなくてもデザイン作成からそのまま印刷をすることができます。また、印刷して自宅まで配送してくれます。

印刷したいデザインの編集画面を開きます。

[Canvaで印刷する]❶をクリックします。

> 編集画面の右上に[Canvaで印刷する]が表示されているものがCanvaから印刷できます。

[印刷するページを選択してください]❷から印刷するページを選択します。

[サイズは？]❸から印刷する用紙のサイズを選択します。

> 選択できる用紙は、印刷するデザインに応じて異なります。

[数量を選択してください]❹から印刷する枚数を選択します。

[続行]❺をクリックします。

問題のある部分が検出される❻ので、内容を確認します。

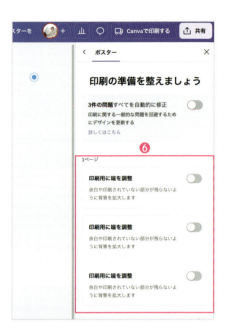

[○件の問題すべてを自動的に修正]❼をオンにすると、すべての問題が自動的に修正されます。

問題がなければ[お支払い]❽をクリックし、住所や支払い方法を設定すると、印刷の入稿は完了です。

通常の印刷は、データの選択や修正など、入稿するまでに専門的な知識が必要なことがあります。Canvaの場合、デザインの編集画面からそのまま印刷を注文できるため、印刷までのハードルがかなり低くなります。

Chapter 7
Q.002 印刷データにミスがないかチェックしたい！

印刷データに問題がないか不安です。
大丈夫でしょうか？

A. 自動でチェック！

Canvaで印刷する場合、
印刷データにミスがないか、
自動で**チェック**してくれます。

07 印刷編

● 印刷データがチェックされる

印刷データのチェックは、プロのデザイナーでも慎重になる大切な作業。

本当にこのデザインで問題ないのか、自分だけのチェックでは不安になる方も多いのではないでしょうか？

Canvaでは、印刷データを自動的にチェックしてくれる機能が備わっています。問題がない場合、右図が表示されます。何らかの問題が見つかった場合は、自動的に修正できます（左ページ参照）。

[**最終チェックをする**]にある[**PDFをダウンロードする**]❶をクリックすると、PDFで確認できます。

Chapter 7
Q.003 塗り足しを追加したい！

Canvaで作成したデータを
印刷会社に入稿したいです。
塗り足しはどうやって作れば良いですか？

A.カスタムサイズで作成しよう！

塗り足しを追加するときは、
カスタムサイズで
6mm大きく作成しましょう。

1 カスタムサイズのページを作成する

作成したデザインを自分で印刷会社に注文する方法について解説します。この場合、必要なのが**塗り足し**です。

ページに塗り足しを追加するには、実際の印刷サイズより6mm大きいサイズを設定します。

ここでは、A4サイズ（幅210mm×高さ297mm）の印刷物を作成します。

ホーム画面で[**カスタムサイズ**]❶をクリックします。

> 印刷会社で印刷される印刷物は、大きな用紙に印刷されたあと、仕上がりサイズに断裁されます。断裁するときのズレにより、紙の地の色が出てしまうことを防ぐため、コンテンツを仕上がりサイズより上下左右3mmずつ大きく作成する必要があります。仕上がりサイズからはみ出す領域を「**塗り足し**」といいます。

[単位]❷から[mm]を選択します。

幅と高さは、A4サイズの幅210mmと高さ297mmにそれぞれ6mmずつ足して、[幅]に「216」、[高さ]に「303」❸と入力します。

[新しいデザインを作成]❹をクリックします。

2 ガイドを設定する

[ファイル]❶>[設定]❷>[定規とガイドを表示]❸をクリックすると、画面の左辺と上辺に定規が表示されます。

上辺の定規から下方向へ、左辺の定規から右方向へドラッグすると、ガイドが作成されます❹。

ドラッグ中は長さの数値が表示されるので、その数値を目安にしてガイドを作成します。

次の位置にカットライン(次ページ参照)を追加します。

幅　：3mm／213mm
高さ：3mm／300mm

次の位置に安全ライン(次ページ参照)を追加します。

幅　：6mm／210mm
高さ：6mm／297mm

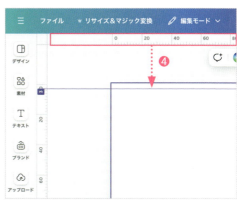

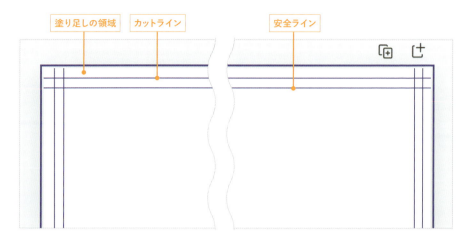

印刷物を作成します。

このとき、次の点に注意してください。

・写真や背景の塗りは、塗り足しの領域まで広げる。

・文字などの重要な内容は、安全ラインの内側へ配置する。

💡 定規の数字が見にくい場合は、ピンチイン・ピンチアウト、または画面下部にある表示倍率から拡大・縮小できます。

3 印刷物をダウンロードする

[共有]❶＞[ダウンロード]をクリックし、[ファイルの種類]から[PDF（印刷）]❷を選択します。

[ダウンロード]❸をクリックすると、PDFがダウンロードされます。

Canvaで印刷するよりも少し手間がかかりますが、印刷会社でデータを入稿したい場合はぜひこちらの方法を試してみてくださいね。

> 💡 [カラープロファイル]では、Canva Proの場合、商業印刷で採用されている「CMYK」を選択できます。CMYKを選択すると、実際の印刷の色でデータを確認できます。確認は[RGB(デジタル用に最適)]でも問題ありません（次ページ参照）。

> 💡 入稿データや形式は、印刷会社によって異なります。事前に印刷会社にお問い合わせください。

Chapter 7
q.004 印刷してみたら色が少し違う！

Canva Pro

印刷会社に印刷を依頼したら、色がパソコンで見た色と少し異なります。対処する方法はありますか？

A.CMYKを設定しよう！

カラープロファイルを**CMYKに設定**してダウンロードすることをおすすめします。

● CMYKのPDFを確認する

パソコンで見る色と印刷される色はしくみが異なります。カラープロファイルが正しく設定されたPDFで確認しましょう。

[**共有**]＞[**ダウンロード**]をクリックし、[**ファイルの種類**]から[**PDF（印刷）**]を選択します。

[**カラープロファイル**]から[**CMYK（プロフェッショナルな品質の印刷に最適）**]❶を選択し、[**ダウンロード**]をクリックします。

> CMYKのダウンロードは、Canva Proの機能です。

✏️ Check
RGBとCMYK

色を表現するためのカラーシステムには、RGBとCMYKの2種類があります。一般的に、印刷に向いているとされているのはCMYKです。

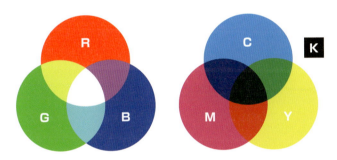

	RGB	CMYK
用途	デジタルメディア向け（ウェブデザイン、デジタルアート、アプリケーションインターフェイスなど）	印刷物向け（ポスター、フライヤー、雑誌、名刺など）
色の生成方法	光の三原色（赤、緑、青）による加法混色	印刷の三原色（シアン、マゼンタ、イエロー）+黒（キー）による減法混色
色の範囲	色の範囲が広く、より鮮やかな色を表現できる。	色の範囲が狭く、RGBで表示される色を再現できない場合がある。

Chapter 7
Q.005 オリジナルのTシャツを作りたい！

体育祭用のTシャツを作りたいです。
Canvaで印刷できますか？

A.Tシャツを印刷しよう！

体育祭といえば、クラスTシャツは
定番アイテムですよね！ Canvaでは、
オリジナルのTシャツをデザインして印刷できます。

1 Tシャツのデザインを作成する

ホーム画面のアイコンをスライドして[…]（もっとみる）❶をクリックし、[**検索ボックス**]❷に「Tシャツ」と入力してTシャツマーク❸を選択すると、Tシャツのテンプレート❹が表示されます。

デザインを作成します。

2 Tシャツを印刷する

編集画面上部の[**Canvaで印刷する**]❶を
クリックし、印刷するページや色、サイズな
どを選択して、[**続行**]❷をクリックします。

> 💡 基本的な操作は「7-1 印刷したい!」と同
> 様です。

印刷に問題がないかチェックされるので、
対処します。問題がなければ[**お支払い**]
をクリックし、支払い情報を設定して完了
です。

> 💡 印刷の枚数は、1枚〜50枚までです。まと
> め買いの方がお値段もお得になるので、
> 「学校行事でTシャツを作りたい」といっ
> た場合は、Canvaを使ってみんなでデザ
> インしてみてはいかがでしょうか。

Chapter 7
Q.006 ウェディングアイテムを作りたい！

ウェディングアイテムを
Canvaで作りたいです！
可能ですか？

A.記念グッズを作成しよう！

もちろん、作成できます！　一生に一度の大切な結婚式、せっかくなら二人だけの**オリジナルアイテム**を作成したいですよね。

1 招待状を作成する

ホーム画面の[**検索ボックス**]❶に結婚式招待状」と入力し、検索候補から[**結婚式招待状のポップアップ**]❷をクリックします。

テンプレートが表示されるので、イメージに合うもの❸を選択してデザインを作成します。

[Canvaで印刷する]❹をクリックします。

印刷するページや用紙、サイズなどを設定し、[続行]をクリックします。

デザインチェックを行い、問題がなければ支払い情報を設定して完了です。

2 さまざまなウェディングアイテムを作成する

ここでは招待状を作成しました。Canvaでは、ほかにも席次表やウェルカムボード、ウェディングムービーなども作成できます。ぜひオリジナルのウェディングアイテムを作成してみてくださね！

✏️ Check
Canvaで作れる印刷物

Canvaでは、さまざまな印刷物を作成できます。ほんの一部を紹介します。

▲ポスター/チラシ

（さまざまな業種に対応）

▲名刺

（お急ぎ便なら2〜3営業日で発送）

▲マグカップ

（11オンスのラテにぴったりなサイズ）

▲トートバッグ

（ノベルティなどのプレゼントにも）

▲壁掛けカレンダー

（A4またはレターサイズを選択できる）

▲ラベル

（長方形や楕円形、自由な形でラベルを作成）

動画編

Chapter 8
Q.001 Canvaで作成できる動画を知りたい！

Canvaではどんな動画を作成できますか？

A. ショート動画がおすすめ！

Canvaは**動画のテンプレートも豊富**で、さまざまな動画を作成できますが、おすすめはショート動画です！

1 Canvaで作成できる動画の種類

Canvaには、さまざまな種類の動画のテンプレートが用意されています。

縦型から横型の動画まで幅広い動画を作成できます。

▲動画

▲Facebookビデオ

▲ビデオメッセージ

▲スマホ動画

▲YouTube動画

▲動画コラージュ

▲フィード広告動画（縦）

▲Instagramリール動画

▲LinkedInの動画広告

▲TikTok動画

2 人気のショート動画

ショート動画は、1分程度で視聴できる動画コンテンツのことです。**YouTubeショート**や**Instagramのリール**、**TikTok**などが代表的なショート動画です。

短い時間で情報を伝えるため、視聴者の注意を引く工夫が必要になりますが、Canvaを使えばすぐに作成できます。

YouTube
ショート

Instagram
リール動画

主に10代から30代のユーザーに人気。
短くてインパクトのある動画が求められ、教育的なコンテンツやエンターテインメント系が多い。

主に18歳から30代のユーザーに人気。
トレンド感のあるビジュアルで、音楽やエフェクトを駆使した動画が好まれる。ブランドのプロモーションやライフスタイル、チュートリアル動画が多い。

TikTok動画

10代から20代のユーザーに非常に人気。
クリエイティブでエンターテインメント性の高いコンテンツが求められ、ダンスやチャレンジ動画、ショートコメディが多い。

動画の作成では、ターゲットの世代に合わせたプラットフォームとコンテンツを選択することが重要ですが、注目していただきたいのは各ショート動画のサイズです。すべて同じサイズとなっているのにお気づきでしょうか？

実は、この3つのショート動画はスマホサイズに合わせてすべて同じサイズになっています。そのため、Canvaでショート動画を作成するとき、テンプレートを間違えたとしても、3つのプラットフォームすべてで利用できます。

Chapter8
q.002 ショート動画を作成したい！

ショート動画が人気なことはわかりました。
では、どうやって作るんですか？

A. テンプレートを選ぼう！

動画の作成もInstagramの投稿や印刷物などと同じです。豊富な**テンプレート**の中からイメージに合うものを選んで、動画や文字を差し替えます。

1 ショート動画を作成する

ホーム画面から[**動画**]をクリックし、作成したい動画（ここでは[**Instagramリール動画**]）❶をクリックします。

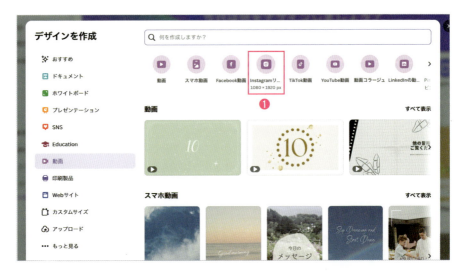

228

画面左側のメニューから[**デザイン**]❷をクリックし、[**テンプレート**]タブ❸からイメージに合うテンプレート❹をクリックします。

💡 テンプレートを使わずに作成することもできます。

動画のすべてのページが表示されるので、[○**ページすべてに適用**]❺をクリックします。

💡 1ページのみの場合は、使いたいページのみをクリックします。

動画や文字を差し替えて完成です。

2 ショート動画をダウンロードする

作成したショート動画をダウンロードするには、画面上部の[**共有**]>[**ダウンロード**]をクリックします。

[**ファイルの種類**]から[**MP4形式の動画**]を選択し、[**ダウンロード**]をクリックすれば、動画としてダウンロードできます。

Chapter8 Q.003 シーンの切り替え効果を追加したい!

Instagramのリールを見ていたら、次のシーンが横から流れるように入ってきました。ああいうのはどうやるんですか?

A.トランジションを追加しよう!

動画のシーンが切り替わるときの効果を**トランジション**といいます。
Canvaでもかんたんに追加できますよ!

1 トランジションを追加する

「**トランジション**」とは、動画のシーン(場面)が切り替わるときの効果のことです。トランジションを挟むことで、動画のシーンが突然切り替わる違和感をやわらげることができます。

画面下部には、動画のサムネイルが表示されています。

サムネイルとサムネイルの間に表示されている[**切り替えを追加**]+①をクリックします。

画面右にトランジションの一覧が表示されるので、目的のトランジション(ここでは[**スライド**])❷をクリックします。

> トランジションを削除するには、トランションのアイコン❸(アイコンはトランジションによって異なる)をクリックし、[**なし**]をクリックします。

トランジションが追加されると、画面下部のサムネイルとサムネイルの間にトランジションのアイコン❸(アイコンはトランジションによって異なる)が追加されます。

2 トランジションを調整する

トランジションによっては、細かな調整が可能です。ここでは一部を紹介します。

・[**スライド**]

[**長さ**](再生時間)や[**向き**]を調整することが可能です。

・[**チョップ**]

[**長さ**](再生時間)のほか、[**向き**]や[**開始点**]を調整できます。

Chapter8
Q.004 素材が表示される タイミングを調整したい!

文字が、写真と同時ではなく、写真より少し遅れて表示されるように設定したいです。
可能でしょうか？

A.タイミングを調整しよう!

Canvaでは、素材の表示開始時間を設定できます。
素材ごとに表示開始時間を調整すると、
素材が表示される**タイミング**を設定できます。

1 タイミングを表示する

素材を選択し、右クリックして[**タイミングを表示**]❶をクリックします。

画面下部に各素材のタイミング❷が表示されます。

初期設定では、すべての素材が同時に表示されます。

素材の表示開始時間を調整することで、表示されるタイミングを設定します。

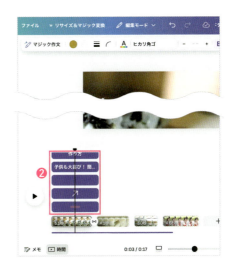

2 表示が開始される時間を調整する

表示される時間を調整したい素材をクリックして選択し、左端にマウスポインター❶を移動します。

形が矢印に変わったら、右方向にドラッグ❷します。

> 上部に秒数が表示されるので、その秒数を目安に時間を設定します。

表示の開始時間が右に移動したことで、ほかの素材よりも遅れて表示されます。

> 右端を左右にドラッグすると、素材が非表示になるタイミングを設定できます。

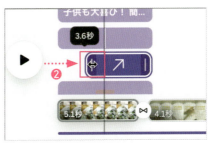

Canva Proの動画編集機能

Canva Proでは、より高度な動画編集機能を利用できます。

●動画の背景除去

動画を選択し、[**動画を編集**]❶>[**背景除去**]❷をクリックすると、動画の背景が自動的に削除されます。

●ハイライト機能

動画を選択し、[**動画を編集**]❶>[**ハイライト**]❷をクリックすると、動画内のシーンがハイライトとして自動的に抽出されます。
お好きなシーンを選択すれば、そのシーンのみ使用して編集できます。

09

便利機能編

Chapter 9
Q.001 デザインのサイズを変更したい!

 Canva Pro

Instagram投稿のデザインを、ストーリー用のサイズに変えたいです。

A. マジック変換を使おう!

[マジック変換]を利用すると、かんたんにリサイズできます。1から作成する手間を考えると、かなり時間の短縮になるので便利です!

● サイズを変更する

画面上部の[リサイズ&マジック変換]❶>[SNS]❷をクリックします。

リサイズ&マジック変換はCanva Proの機能です。

[Instagramストーリー]❸にチェックを入れて[続行]❹をクリックします。

プレビューが表示されるので、確認し、[コピーとサイズ変更]❺をクリックします。

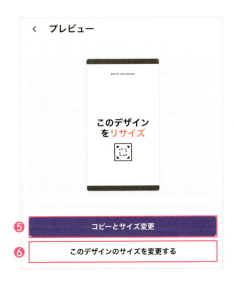

> [このデザインを変更する]❻をクリックすると、編集中のデザインのサイズが変更されてしまうので注意が必要です。

[○○○を開く]（ここでは[ストーリーを開く]）❼をクリックすると、新しいページにリサイズされたデザインが表示されます。

▲正方形のデザインがInstagramストーリーのサイズに変換された。

> 左ページ2番目の図で複数のサイズを選択すると、まとめてリサイズできます。

Chapter 9
Q.002 作成したデザインを探したい!

作ったデザインがどこに保存されているかわからなくなってしまいました。

A.キーワードで検索しよう!

デザイン履歴を探しても見つからない。
そんなときはデザインに入れていた
キーワードで検索してみましょう。

● 作成したデザインを検索する

ここでは、例として、「Instagram」というワードを使用しているデザインを検索します。

[検索ボックス]❶に「Instagram」と入力し、[すべてのコンテンツ]❷をクリックして Enter キーを押します。

デザインの一部に「Instagram」のワード
が配置されているデザインが検索されま
す。

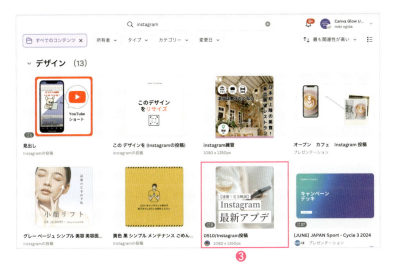

検索結果の1つ❸をクリックすると、1ペー
ジ、2ページ、6ページに[マッチ]❹と表示
され、「Instagram」のワードが使われて
いることがわかります。

Chapter 9
Q.003 デザインをフォルダーで管理したい!

作ったデザインが増えてきたので整理したいです。

A.フォルダーを使おう!

パソコンには、ファイルを管理するための**フォルダー機能**があります。Canvaでもフォルダーを使ってデザインを管理できます!

1 フォルダーを作成する

ホーム画面にあるデザインの右上に表示される[・・・]（ミートボールメニュー）❶をクリックし、[**フォルダに移動**]❷をクリックします。

💡 フォルダーは、無料版・Canva Pro問わず無制限に作成できます。
また、フォルダーの中にフォルダーを作成して階層に分けることもできます。この場合、階層は10階層まで作成できます。

[新規作成]❸をクリックします。

> ここでは新しいフォルダーを作成しています。既存のフォルダーに移動するには、右図から既存のフォルダーを選択します。

[新しいフォルダーの名前]❹にフォルダー名を入力し、[新しいフォルダーに追加]❺をクリックすると、デザインがフォルダーに移動します。

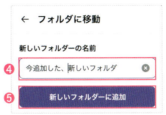

2 フォルダーを確認する

ホーム画面の左側にあるメニューから[プロジェクト]❶をクリックし、[フォルダー]タブ❷をクリックすると、フォルダーの一覧が表示されます。

作成したフォルダー❸をクリックすると、フォルダー内のデザインを確認できます。

デザインをフォルダーにまとめることで一気に管理しやすくなります。

デザインが迷子になってしまうこともなくなるので活用してみてください。

Chapter 9
Q.004 チェックリストを作りたい!

チェックリストを作りたいのですが、作ることはできますか？

A.ドキュメントを使おう!

普段の仕事中でもよく利用するチェックリスト。チェックリストを作成する場合は、**ドキュメントのテンプレート**が便利です。

1 テンプレートを使ってチェックリストを作成する

ホーム画面から[**ドキュメント**]❶をクリックします。

画面左側のメニューから[**テンプレート**]❷をクリックし、[**検索ボックス**]❸に「チェックリスト」と入力して検索します。

検索結果の一番上に表示されている[**ドキュメントテンプレート**]の[**すべて表示**]❹をクリックします。

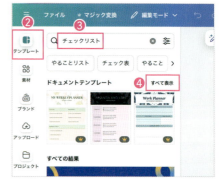

テンプレートが表示されます。

テンプレート❺をクリックすると、ページに配置されるので、色や内容を目的に合わせて変更します❻。

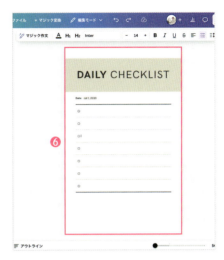

2 テンプレートを使わずにチェックリストを作成する

テンプレートを使用せず、文書の作成中にチェックリストを作成するには、画面上部の[**箇条書き**]❶をクリックします。

[**箇条書き**]❶をクリックすると、クリックするごとに、「記号付きの箇条書き」、「数字付きの箇条書き」、「チェックリスト」、「箇条書きなし」に切り替わります。クリックして[**チェックリスト**]❷を選択します。

チェックリストの文字サイズや行間隔は、通常の文字の編集と同様の操作で変更できます。

Chapter 9
Q.005 デザインの文章を要約したい！

Canva Pro

デザイン内のキャッチコピーや説明文を抜き出したいです。
一つひとつコピーするしかないですか？

A. ドキュメントに変換しよう！

一つひとつコピーしていては手間がかかりますね。**ドキュメントに変換**すると、デザイン内の文章を抽出してまとめてくれるので使ってみてください。

1 ドキュメントに変換する

画面上部の[**リサイズ&マジック変換**]❶をクリックし、[**ドキュメントに変換**]❷をクリックします。

[**ドキュメントに変換**]は、ページに配置されたタイトルやキャッチコピー、説明文などを抜き出してリデザインする機能です。

[**変換スタイル**]❸からスタイルを選択するか、自分で作成したい内容を入力します。ここでは、「Instagramの投稿キャプション」と入力しました。

[**ドキュメントに変換**]❹をクリックします。

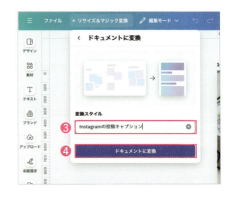

[ドキュメントを開く]❺をクリックすると、ドキュメントに変換されたページが表示されます。

デザインの内容が[変換スタイル]に入力したスタイルに変換されました。

▲複数のページから1枚にまとめてくれた。

2 ドキュメントに変換のスタイル

[ドキュメントに変換]では、[事業計画概要]や[クリエイティブな記事]、[プレゼンテーションのアウトライン]など、11種類のスタイルを選択できます(2024年8月現在)。

中でも[クリエイティブな記事]は、デザインをもとにCanva AIが内容を膨らませて文章を作成してくれるのでおすすめです。

▲スタイル[クリエイティブな記事]で変換すると、内容に合った文章を作成してくれる。

Chapter 9 Q.006 Canva Pro データをまとめて入力したい！

結婚式の席札を作っています。デザインは決まっているのですが、名前を一つひとつ入力するのが面倒です。いい方法はありませんか？

A. 一括作成を使おう！

結婚式の席札や案内状の宛名など、デザインのテキストだけを変更したいとき、**一括で変更**できたら便利ですよね。Canvaならできます！

1 「一括作成」アプリを起動する

画面左側のメニューから[**アプリ**]をクリックし、下方向へスクロールします。

[**Canvaのその他のアプリ**]にある[**一括作成**]❶をクリックします。

▲結婚式の席札のデザイン

 一括作成機能はCanva Proの機能です。

2 素材とデータを関連付ける

「一括作成」アプリを開くと、[**データを追加する**]画面が表示されます。

データの追加方法(ここでは[**データをアップロード**])❶をクリックし、名前のデータをアップロードします。

データのアップロードでサポートされているファイル形式は次の3種類です。
・XLSX
・CSV
・TSV

名前のデータをアップロードすると、[**データと素材を紐づける**]画面が表示されます。

データと関連付ける素材を右クリックし、[**データの接続**]❷をクリックします。

素材と関連付けるデータ❸をクリックして選択します。

素材とデータが関連付けられると、[**1個のデータフィールドが追加されました**]と表示され、色が紫色に変化します。

手順を繰り返し、その他の素材とデータも関連付けます。

すべての素材の関連付けが終了したら、[**続行**]❹をクリックします

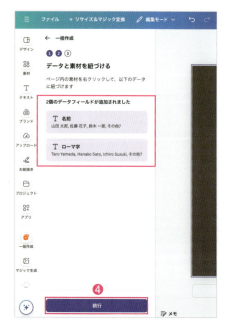

関連付けられたデータの一覧が表示されるので、間違いがないか確認します。

問題なければ[○点のデザインを生成]❺をクリックします。

デザインの生成が完了すると、新しいページが開かれ、すべてのデザインが作成されています。

▲名前とローマ字が差し変わった。

Chapter 9
Q.007 アクセシビリティをチェックしたい！

アクセシビリティを意識したデザインを作りたいけど、1人だとできているか不安です。誰かチェックしてくれないでしょうか。

A.チェック機能を使おう！

Canvaなら、**アクセシビリティをチェック**してくれる機能がありますよ！

● アクセシビリティをチェックする

［ファイル］❶>［アクセシビリティ］❷>［デザインのアクセシビリティをチェック］❸をクリックします。

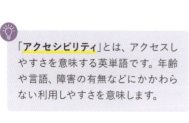

「**アクセシビリティ**」とは、アクセスしやすさを意味する英単語です。年齢や言語、障害の有無などにかかわらない利用しやすさを意味します。

チェックした結果が表示されます。

問題を指摘された部分❹をクリックすると、原因❺が表示されます。今回のようなテキストの場合は、推奨カラーも提案してくれます。

修正し、問題が解決されるとチェックマーク❻が表示されます。

✏️ Check
代替テキストを追加する

「**代替テキスト**」とは、画像の代わりに表示される文章のことです。画像が何らかの理由で読み込まれない場合や、視覚障害者が音声読み上げソフトを利用する場合などに利用されます。

イラストや画像には代替テキストの設定が推奨されますが、装飾としての画像などの場合は、[**デコレーションとしてマーク**]にチェックを入れることで対応することもできます。

Chapter 9
Q.008 おしゃれなQRコードを作成したい!

QRコードは黒色でないといけないのかと思っていました。デザイン化されたおしゃれなものでも良いと聞いたのですが、Canvaで作れますか?

A.QRコードを作成しよう!

Canvaでは、**デザインをもとにQRコードを作成**できます。オリジナルのQRコードを利用したいときに試してみてください。

● QRコードを作成する

QRコードにしたいデザインを開き、画面上部の[**共有**]❶から[**もっとみる**]❷をクリックします。

[共有]にある[QRコード]❸をクリックします。

[URL]❹にURLを入力します。

複数ページある場合はページも選択します❺。

[QRコードを生成する]❻をクリックすると、QRコードが作成されます。

[QRコードのダウンロード]❼をクリックしてダウンロードします。

▲デザイン化されたQRコードを作成できた。

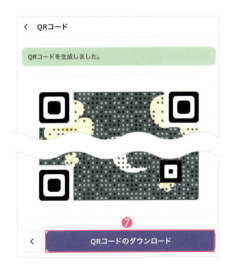

Chapter 9
Q.009 Canva Pro
ファイルサイズを調整したい!

ファイルサイズを
もう少し小さくしたいです。
調整できますか?

A. ファイルサイズを調整しよう!

デザインが完成したら
ダウンロードして保存しますが、
そのとき**ファイルサイズを調整**できます。

● ファイルサイズを調整する

画面上部にある[**共有**]＞[**ダウンロード**]をクリックします。

[**サイズ**]❶にあるスライダーをドラッグしてファイルサイズを調整できます。

デザインによって、設定できる最小サイズと最大サイズは異なります。

たとえばInstagram投稿(正方形)の場合、最小サイズは540×540px、最大サイズは3375×3375pxになります。

また、数値の部分をクリックすると、制限はありますが、ファイルサイズを入力することもできます。

ファイルサイズの調整は、Canva Proの機能です。

10

アプリ編

Chapter 10
q.001 デザインを画像にしたい！

Design to Image

文字や図形が配置されているデザインを
1枚の画像として別のデザインで使いたいです。
どうしたらいいですか？

A.「Design to Image」を使おう！

通常は画像をダウンロードして、それを再度
アップロードする必要がありますが、「Design to Image」を利用すれば、すぐにできます。

1 Design to imageを起動する

デザインを開き、画面左側のメニューから[アプリ]をクリックします。[検索ボックス]に「design to image」と入力して検索します。検索結果から[Design to Image]をクリックするとアプリの詳細が表示されるので、[開く]❶をクリックしてアプリを開きます。

▲ 写真や文字など、複数の素材から構成されているデザインを1枚の画像に変換する。

2 デザインを画像として保存する

[**Convert to image**]❶をクリックします。

💡 必ず1ページのみ書き出してください。

[**ファイルの種類**]❷からファイルの種類を選択します。「PNG」と「JPG」の2種類から選択できます。

💡 Canva Proの場合、サイズの変更や背景の透過、ファイルの圧縮なども実行できます。

[**エクスポート**]❸をクリックするとデザインが画像に変換され、「画像がアップロードフォルダにアップロードされました」というメッセージが表示されます。

3 画像を確認する

デザインから変換された画像は、画面左側のメニューから[**プロジェクト**]❶をクリックし、[**画像**]タブ❷で確認できます。

ここから画像をデザインに使用できます。

画像が反映されていない場合は、Canvaをリロードしてみましょう。

Chapter 10　Q.002　(Image Upscaler)　画像の解像度を上げたい!

画像をそのまま使うと粗く見えます。きれいに見えるように加工することはできますか?

A.「Image Upscaler」を使おう!

解像度が低い画像は、荒くぼやけて見えます。「**Image Upscaler**」を利用して解像度を上げるときれいに表示されますよ。

1 Image Upscalerを起動する

画面左側のメニューから[**アプリ**]をクリックします。

[**検索ボックス**]に「image upscaler」と入力して検索します。

検索結果から[**Image Upscaler**]をクリックするとアプリの詳細が表示されるので、[**開く**]❶をクリックしてアプリを開きます。

2 画像の解像度を上げる

[**Choose file**]❶をクリックし、画像をアップロードしてページに配置します。

[**Upscale amount**]❷から倍率（ここでは[**8x**]）を選択し、[**Upscale image**]❸をクリックします。

アップスケールが完了すると、[**Before**]、[**After**]❹の画像が表示されます。

確認し、[**Replace**]❺をクリックすると、画像が置き換わります。

「Image Upscaler」アプリは無料で使用できるので、画像の解像度が低くて困った際は活用してみてください。

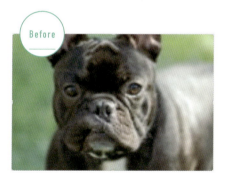
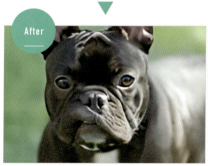

▲写真の解像度が上がった。

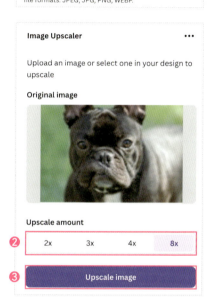
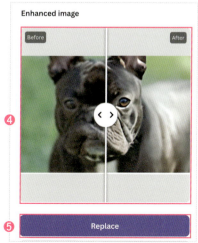

Chapter 10
q.003 （FontFrame）画像を文字の形で切り抜きたい！

文字の中に写真を入れるというか、
写真を文字の形にしたいです。
どうしたらいいですか？

A.「FontFrame」を使おう！

「FontFrame」を使って切り抜き文字を
作成しましょう。プレゼン資料やポスターを作る際、
オシャレに仕上げることができます。

1 FontFrameを起動する

画面左側のメニューから[**アプリ**]をクリックします。

[**検索ボックス**]に「fontframe」と入力して検索します。

検索結果から[**FontFrame**]をクリックするとアプリの詳細が表示されるので、[**開く**]❶をクリックしてアプリを開きます。

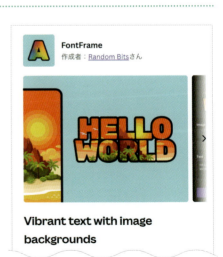

2 画像を文字の形で切り抜く

[Choose file]❶をクリックし、画像❷を
アップロードしてページに配置します。

💡 編集画面に配置している画像を利用する場合は、[Use selected image]をクリックして画像を指定します。

[Text]❸に文字を入力します。

[Add to design]❹をクリックすると、画像が文字の形で切り抜かれます。

💡 [Settings]タブでは、Font（フォント）やAlignment（行揃え）、Outlinethickness（アウトラインの太さ）、Letter spacing（文字間隔）などを設定できます。

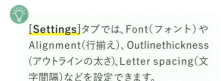

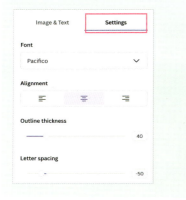

▲写真が文字の形で切り抜かれた。

Chapter 10
Q.004 （TypeCraft）文字を自由に変形したい！

文字を歪ませてかっこいいロゴを作りたいです。どうやったらできますか？

A.「TypeCraft」を使おう！

「**TypeCraft**」を使ってみましょう。
文字の形を自由に歪ませることができますよ！

---

1 TypeCraftを起動する

画面左側のメニューから[**アプリ**]をクリックします。

[**検索ボックス**]に「typecraft」と入力して検索します。

「type（スペース）craft」のようにスペースを入れて検索すると表示されないので、スペースなしの「typecraft」で検索しましょう。

検索結果から[**TypeCraft**]をクリックするとアプリの詳細が表示されるので、[**開く**]❶をクリックしてアプリを開きます。

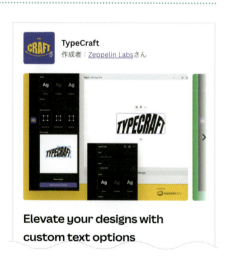

2 文字を変形する

[Text]❶に文字を入力します。

[Font]❷からフォントを選択します。

[Style]❸と[Color]❹を選択します。

[Mirror points]❺では、[No mirror]を選択すると対称性を考慮せずに自由に編集できます。[Horizontal]を選択すると水平方向、[Vertical]を選択すると垂直方向に反転できます。

[Edit shape]❻では、ハンドルをドラッグすると、テキストの形状を自由に歪ませることができます。

[Add element to design]❼をクリックすると、作成した文字がデザインに配置されます。

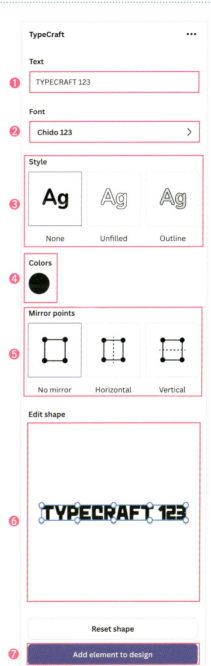

▲「mikimikiwebschool」を歪ませた。

Chapter 10
Q.005 （TypeExtrude）文字にオシャレな影を付けたい！

文字にちょっと工夫を加えたいと思います。
影を付けてみるのがいいかなと思っていますが、
何かいい方法はありますか？

A.「TypeExtrude」を使おう！

「**TypeExtrude**」を使えば
オシャレな影をつけることができます。

---

1 TypeExtrudeを起動する

画面左側のメニューから[**アプリ**]をクリックします。

[**検索ボックス**]に「typeextrude」と入力して検索します。

💡 「type（スペース）extrude」のようにスペースを入れて検索すると表示されないので、スペースなしの「typeextrude」で検索しましょう。

検索結果から[**TypeExtrude**]をクリックするとアプリの詳細が表示されるので、[**開く**]❶をクリックしてアプリを開きます。

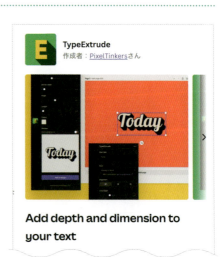

2 文字に影を付ける

[**Main text**]❶に文字を入力します。

[**Font**]❷からフォントを選択します。

配置などを調整します❸。

[**Color**]❹から文字と影の色を選択します。

プレビュー❺を確認し、[**Add to design**]❻をクリックすると、影付きの文字がデザインに配置されます。

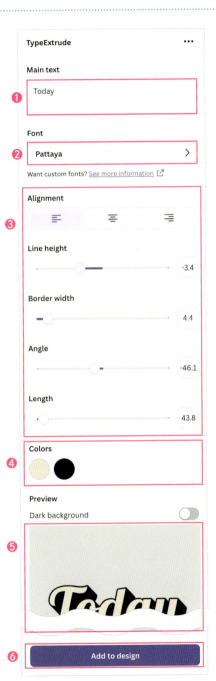

▲TypeExtrudeで作成した影付き文字の例

Chapter 10
q.006　(Text Maker)　文字を立体にしたい！

映画のタイトルなどでよく使われている、浮き出たような立体の文字を作りたいです。どうやったらいいですか？

A.「Text Maker」を使おう！

「**Text Maker**」を使ってみましょう。
立体に見える文字を
かんたんに作成できますよ。

1 Text Makerを起動する

画面左側のメニューから[**アプリ**]をクリックします。

[**検索ボックス**]に「Text Maker」と入力して検索します。

検索結果から[**Text Maker**]をクリックするとアプリの詳細が表示されるので、[**開く**]❶をクリックしてアプリを開きます。

266

2 文字に立体効果を設定する

[Text]❶に文字を入力します。

[Effects]❷から効果を選択すると、サンプル❸が表示されます。

[Font]❹からフォントを選択します。

配置❺などを調整します。

[Add to design]❻をクリックすると、立体効果の付いた文字がデザインに反映されます。

💡 [Color]タブでは、グラデーションの色などを設定できます。

💡 立体効果の付いた文字は、文字として編集できなくなるので注意が必要です。

▲立体の文字を作成できた。

Chapter 10
q.007　Easy Reflections　反転した画像を作りたい！

鏡や水面に映っているような、
反転した画像を作りたいです。

A.「Easy Reflections」を使おう！

「Easy Reflections」を使えば、
かんたんに作ることができますよ！

1 Easy Reflectionsを起動する

画面左側のメニューから[**アプリ**]をクリックします。

[**検索ボックス**]に「easy reflections」と入力して検索します。

検索結果から[**Easy Reflections**]をクリックするとアプリの詳細が表示されるので、[**開く**]❶をクリックしてアプリを開きます。

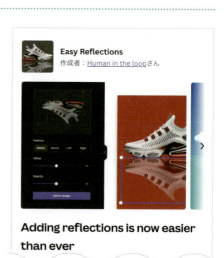

❶

2 反転した画像を作成する

画像❶を選択し、[**Create reflection**]❷
をクリックします。

[**Position**]❸から、グラデーションの位置
を選択します。

[**Offset**]❹と[**Opacity**]❺のスライダー
をドラッグし、グラデーションや透明度を
調整します。

プレビュー❻を確認し、[**Add to design**]
❼をクリックするとデザインに配置されま
す。

▲水面に映ったような画像を作成できた。

Chapter 10
Q.008 画像を自由に切り抜きたい！
(Choppy Crop)

写真の一部を切り抜きたいです。
きれいに切り抜くことはできますか？

A.「Choppy Crop」を使おう！

「Choppy Crop」を使ってみてください！
画像を自由に切り抜いて、自分の作品や投稿に
ぴったりの画像を作成できます。

1 Choppy Cropを起動する

画面左側のメニューから[**アプリ**]をクリックします。

[**検索ボックス**]に「choppy crop」と入力して検索します。

検索結果から[**Choppy Crop**]をクリックするとアプリの詳細が表示されるので、[**開く**]❶をクリックしてアプリを開きます。

2 画像の一部を切り抜く

アプリを開くと、「Select an image on your design to get started」❶（作業をはじめるために画像を選択してください）と表示されるので、画像を選択します。

画像を選択すると、Choppy Cropの画面に表示されます❷。

画像の切り抜きたい部分を囲むようにクリックしていきます❸。

最後にクリックの開始地点❹をクリックして囲み終わると、[Preview]にプレビューが表示されます（次ページ参照）。

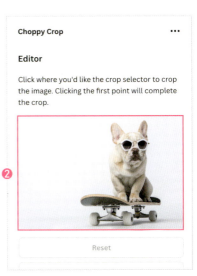

切り抜きに失敗した場合は、[Reset]をクリックするとやり直すことができます。

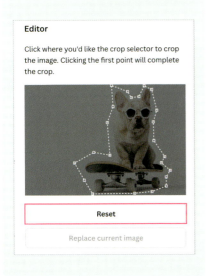

プレビュー❺を確認し、[**Add to design**]❻をクリックすると、デザインに配置されます。

▲ 元の画像を残したまま、新しく切り抜かれた画像が配置された。

11

設定・共有編

Chapter 11
Q.001 ダークモードにしたい！

パソコンで長時間作業するときや、暗い場所で
操作するときなど、画面が明るくて目が疲れます。
Canvaの画面を暗くすることはできますか？

A.ダークモードに切り替えよう！

ダークモードに切り替えてみては
いかがでしょうか。黒を基調とした画面になるので、
明るさを抑えることができます。

● ダークモードに切り替える

ホーム画面右上のユーザーアイコン❶をク
リックし、[**設定**]❷をクリックします。

[設定]画面が表示されるので、[テーマ]から[ダーク]❸をクリックすると、ダークモードに切り替わります。

> [システムと同期]❹を選択すると、使用しているパソコンやスマートフォンと同じ環境設定になります。

Check
ハイカラーコントラストを設定する

[設定]画面の[アクセシビリティ]にある[ハイカラーコントラスト]❶をオンにすると、画面がハイカラーコントラストモードに切り替わります。
同モードでは、コントラストの高い色の組み合わせで画面が表示されます。文字と背景の区別がつきにくい場合などに設定してみましょう。

Chapter 11
Q.002 子どもと使いたい！

Canvaを子どもと一緒に使いたいです。
でも漢字がまだ読めません。
子どもでも操作しやすい設定はありますか？

A. 表記を「ひらがな」にしよう！

Canvaは小さなお子さまでも楽しく操作できますが、漢字が読めないかもしれませんね。画面の文字を<u>ひらがなで表示</u>できるの試してみてください。

● 画面の文字を「ひらがな」で表示する

ホーム画面右上のユーザーアイコンをクリックし、[設定]をクリックします。

[言語]から[にほんご（ひらがな）]❶を選択すると、画面の表記が「ひらがな」に変更されます❷。

表記を「ひらがな」に変更できるデザインツールはなかなかありません。

子どもでも使えるようにという優しさや配慮が感じられる機能ですよね。

💡 「ひらがな」に変換されない文字もあります。

Chapter 11
Q.003 共有方法について知りたい！

チームメンバーと一緒にプロジェクトを進めたいです。Canvaでデザインを共有する場合、どんな方法がありますか？

A.共有について知ろう！

Canvaの**共有**は、「誰でも編集できる」「編集はできないけれど閲覧はできる」などの設定ができるので、目的に合わせて共有方法を選択しましょう。

● Canvaの共有方法

Canvaでは、作業内容に応じて共有メンバーができることを設定できます。

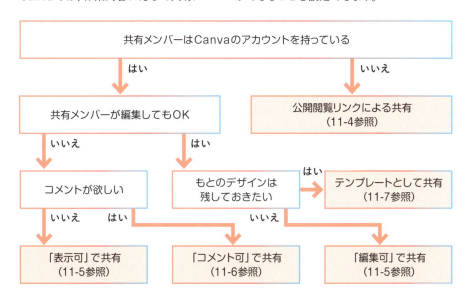

Chapter 11
Q.004 クライアントにデザインを見せたい！

クライアントにデザインを
見てもらいたいのですが、確認してもらうだけで
編集はして欲しくありません。いい方法はありますか？

A. 公開閲覧リンクを作成しよう！

公開閲覧リンクをクライアントに伝えましょう。Canvaのアカウントがなくてもデザインを閲覧できるようになります。編集はできないので安心です。

● 公開閲覧リンクを作成する

Canvaでデザインを共有したいけれど、相手に編集されることなく共有したい場面もあります。

たとえば、プレゼンテーション資料を上司や顧客に送るときや、イベントのポスターを関係者に確認してもらいたいときなどです。

そんなときは公開閲覧リンクを作成しましょう。公開閲覧リンクを知っているユーザーは、デザインの閲覧はできますが、編集はできません。

公開閲覧リンクを作成するには、編集画面の右上にある[**共有**]❶をクリックし、[**もっと見る**]❷をクリックします。

[**共有**]にある[**公開閲覧リンク**]❸をクリックします。

[**公開閲覧リンクを作成**]❹をクリックすると、公開閲覧リンクが作成されます。

公開閲覧リンクが作成されると、[**公開中**]❺と表示されます。

[**コピー**]❻をクリックしてURL(公開閲覧リンク)をコピーし、ほかのユーザーに通知します。

通知を受けたユーザーは、URLをクリックすると、デザインを閲覧できます。

> 公開閲覧リンクによる共有を終了するには、[**公開閲覧リンクを削除**]❼をクリックします。URLを知っているユーザーがアクセスしても閲覧できなくなります。

Chapter 11
Q.005 メンバーの権限を設定して共有したい!

共有メンバーが編集できるかどうかを設定したいです。

A.権限を設定しよう!

共有すると、デザイナーではないメンバーが関わることもあると思います。トラブルを避けるためにも編集できるかどうかを設定しておくと安心です。

1 表示のみ可能に設定する

「11-4 クライアントにデザインを見せたい!」では、Canvaのアカウントを持っていないユーザーと共有しました。

Canvaのアカウントを持っているユーザーと共有する場合は、コラボレーションリンクを利用すると、メンバーの権限を設定できるので便利です。

コレボレーションリンクを設定するには、編集画面の右上にある[共有]❶をクリックします。

[コラボレーションリンク] ❷から[リンクを知っている全員]を選択します。

[表示可] ❸を選択します。

[リンクをコピー] ❹をクリックすると、URLがコピーされます。

メールなどで共有相手にURLを通知します。

共有メンバーは、URLをクリックすると、表示のみが可能で、編集はできないユーザーとしてデザインにアクセスできます。

2 表示と編集を可能にする

[コラボレーションリンク]から[リンクを知っている全員] ❶を選択します。

[編集可] ❷を選択します。

[リンクをコピー] ❸をクリックしてURLをコピーし、共有相手に通知します。

共有メンバーは、URLをクリックすると、編集できるユーザーとしてデザインにアクセスできます。

> コラボレーションリンクから設定した共有を終了するには、[リンクを知っている全員]から[あなただけがアクセス可能]に切り替えます。

Chapter 11
Q.006 コメントだけ可能にして共有したい！

共有メンバーにデザインを見てもらって、デザインはいじってほしくないのですが、コメントを入れて欲しいです。

A.「コメント可」で共有しよう！

コメント可のコラボレーションリンクを相手に教えましょう。デザインの編集はできませんが、コメントのみ入れてもらうことができます。

● コメント可能に設定する

編集画面の右上にある[**共有**]❶をクリックし、[**コラボレーションリンク**]❷から[**リンクを知っている全員**]を選択します。

[**コメント可**]❸を選択します。

[**リンクをコピー**]❹をクリックすると、URLがコピーされます。

メールなどで共有相手にURLを通知します。

共有メンバーは、URLをクリックすると、編集はできないものの、コメントを追加できるユーザーとしてデザインにアクセスできます。

公開閲覧リンクとコラボレーションリンクの違い

「公開閲覧リンク」とコラボレーションリンクの「表示可」は、どちらともCanvaユーザーでなくても見ることができます。ただし、相手への見え方が変わるので、目的に応じて使い分けましょう。

●**公開閲覧リンクで共有したときの相手への見え方**

公開閲覧リンクは、完成形のデザインとして公開したいときに利用します。

●**コラボレーションリンク[表示可]で共有したときの相手への見え方**

コラボレーションリンクの「表示可」は、Canvaの編集画面上で表示されます。共有メンバーにデザインを確認してもらいたいときに利用します。

Chapter 11
Q.007 テンプレートとしてデザインを共有したい！

もとのデザインが影響されないようにしてデザインを共有することはできますか？

A. テンプレートを設定しよう！

デザインを**テンプレートとして共有**しましょう。
共有メンバーはテンプレートのコピーを編集するため、オリジナルのテンプレートには影響がありません。

● テンプレートとして共有する

編集画面の右上にある[**共有**]❶をクリックし、[**もっと見る**]❷をクリックします。

[共有]にある[テンプレートのリンク]❸をクリックします。

[テンプレートのリンクを作成]❹をクリックすると、テンプレートのリンクが作成されます。

テンプレートのリンクが作成されると、[**公開中**]❺と表示されます。

[**コピー**]❻をクリックしてURL（テンプレートのリンク）をコピーし、ほかのユーザーに通知します。

通知を受けたユーザーは、URLをクリックすると、テンプレートを利用できます。

テンプレートのリンクによる共有を終了するには、[**テンプレートのリンクを削除**]❼をクリックします。

✎ Check
Canvaのアカウントを持っていないユーザーが共有で「できること」と「できないこと」

Canvaは、アカウントを持っていなくても、パソコンのウェブブラウザーからアクセスすれば「ゲスト」として利用できます。スマートフォンやタブレットから利用する場合はログインが必要です。

ゲストのユーザーアイコンは、イニシャルや写真ではなく、動物のイラストで表示されるため区別できます。

ゲストユーザーとデザインを共有する場合は、パソコンからアクセスしていただくことをおすすめします。

また、Canvaのアカウントを持っていないユーザーは、次のような制限があります。

●ゲストができること
・デザインの表示やプレゼンテーションの再生
・デザインの編集
・共有デザインへのURLのコピー
・コメントの表示
・ほかのユーザーによるライブアップデートの表示

●ゲストができないこと
・素材のアップロード
・コメントの追加や編集
・デザインの共有と権限の変更
・デザインのコピー
・デザインの印刷
・デザインの公開、またはダウンロード

PROFILE

mikimiki web school （扇田 美紀(おうぎだ みき)）

Canva公式アンバサダー(Canva Expert)
株式会社Ririan&Co.代表/テック系YouTuber/Webデザイナー
ECサイト勤務を経てフリーランスのデザイナーとして独立。その後2020年にSNSマーケティング、Canva導入支援、AIコンサルティングを行う株式会社Ririan&Co.を起業。Canva、AI、最新テックに特化したYouTubeチャンネル「mikimiki web school」の運営を行い、チャンネル登録者数は約25万人。
オンラインデザインツールCanva Global公認 日本初のCanva Expertとしても活動。Canva、ChatGPT、Midjourney等、生成AIの講演も行う。現在は2児の子育て中。

YouTube	@mikimikiweb
Instagram	@mikimiki1021
Twitter	@Mikimiki10211

著書
『新世代Illustrator超入門』(2023/ソシム)
『Midjourneyのきほん』((2023/インプレス)
『Canva使い方入門』(2023/ソシム)
『フォロワーが増える！ Instagramコンテンツ制作・運用の教科書』(2023/秀和システム)
『はじめてのCanva マネするだけでプロっぽくなるデザインのルール』(2024/KADOKAWA)

Canvaお悩み解決Book

2024年10月11日　初版第1刷発行

著　者	mikimiki web school

装丁・本文デザイン	Power Design Inc.
編集制作	羽石 相
制作協力	猿田 夢花

発行人	片柳 秀夫
編集人	平松 裕子

発　行　　ソシム株式会社
https://www.socym.co.jp/
〒101-0064
東京都千代田区神田猿楽町1-5-15猿楽町SSビル
TEL：03-5217-2400（代表）
FAX：03-5217-2420

印刷・製本　　シナノ印刷株式会社

定価はカバーに表示してあります。
落丁・乱丁本は弊社編集部までお送りください。
送料弊社負担にてお取替えいたします。

ISBN978-4-8026-1478-8
©2024 mikimiki web school
Printed in Japan

- 本書の内容は著作権上の保護を受けています。著者およびソシム株式会社の書面による許諾を得ずに、本書の一部または全部を無断で複写、複製、転載、データファイル化することは禁じられています。
- 本書の内容の運用によって、いかなる損害が生じても、著者およびソシム株式会社のいずれも責任を負いかねますので、あらかじめご了承ください。
- 本書の内容に関して、ご質問やご意見などがございましたら、弊社Webサイトの「お問い合わせ」よりご連絡ください。なお、お電話によるお問い合わせ、本書の内容を超えたご質問には応じられませんのでご了承ください。